年轻时，请找到与众不同的自己

王家豪 著

天津出版传媒集团
百花文艺出版社 天津人民出版社

图书在版编目（CIP）数据

年轻时，请找到与众不同的自己 / 王家豪著. -- 天津：百花文艺出版社：天津人民出版社, 2019.5
ISBN 978-7-5306-7651-6

Ⅰ. ①年… Ⅱ. ①王… Ⅲ. ①成功心理—青年读物
Ⅳ. ①B848.4-49

中国版本图书馆 CIP 数据核字（2018）第294412号

年轻时，请找到与众不同的自己
NIANQING SHI QING ZHAODAO YUZHONGBUTONG DE ZIJI
王家豪 著

装帧设计：末末美书
选题策划：鼎文传媒 责任编辑：赵 芳
出版发行：百花文艺出版社
地址：天津市和平区西康路 35 号 邮编：300051
电话传真：+86-22-23332651（发行部）
+86-22-23332656（总编室）
+86-22-23332478（邮购部）
主页：http://www.baihuawenyi.com
印刷：天津中印联印务有限公司
开本：880 × 1230 毫米 1/32
字数：158 千字
印张：7
版次：2019 年 5 月第 1 版
印次：2019 年 5 月第 1 次印刷
定价：42. 80 元

如有印装质量问题，请与天津中印联印务有限公司联系调换
地址：天津宝坻节能环保工业区宝富道 18 号 Z1 号
电话：022-22520703 邮编：301800

目 录 CONTENTS

第三章　总有人偷偷喜欢你

第四章　“敢”，才是年轻人的王牌

第五章　你并不是一人孤独行

第六章　最好的你，在路上

第一章
独醒的人，最早见到黎明的那一束光

有一种敢为自己越界的人，叫斜杠青年

朋友在北京工作，有一天我给他发了一条微信。我说：真怕自己到三十岁以后守着一份工作，再也没有时间做自己喜欢的事情了。

他没正面回答，只说他最近在读一本书，是麦瑞克·阿尔伯的《双重职业》。紧接着他给我讲了很多关于书中提到的“斜杠青年”，他说，用斜杠区分职业，代表的是年轻人的多元生活方式。最后，他还给我发了一个既调皮又嘚瑟的动态表情，说：“斜杠青年很早就流行了，你out（落伍）啦。”

我们就叫他斜杠先生吧。他真的是那种会把一辈子活成别人三辈子的人。

斜杠先生是个典型的放荡不羁的青年，天蝎座，性子洒脱，颜值虽不是突破天际的那种，但总给人一种干干净净的感觉。他在上海读大学时，很快被中文系女神倒追。不过没过多久，斜杠先生主动提出分手，理由是女朋友管得太严。我们都理解，这样一个连手臂上都文有“FREEDOM”（自由）字样的男生，很难接受一个连穿哪件衣服都要管的女朋友，更让斜杠先生接受不了的是他每天都必须要向女朋友汇报见了哪些人。

分手之后，斜杠先生自由了很多，像是一匹脱缰了的野马。有一天，他跟朋友说：“我们去蹭一节舞蹈系的课吧。”朋友很诧异地问：“你学文学的，打算改行了吗？”斜杠先生本想“露一手”——劈个叉，证明一下自己，没想到用力过猛，“咔嚓”一声，裤裆破了，像是表演失误的“小丑”，朋友笑得差点一口气没喘上来。

其实，斜杠先生心里清楚，他并不是想转行。他只是不想把自己局限在专业里，他想去尝试一切没有接触过的东西。接下来的几天，他把整个学校大部分专业的课程时间、地点都整理在本子上，整整有一本书那么厚。以后，每个学院的教室里都会偶尔出现他的身影，他逐渐成了学校里同学们眼中最熟悉的陌生人。四年下来，他认识了很多朋友。所以你会经常看到他和音乐学院的同学在岸边畅聊莫扎特的钢琴曲，和舞蹈学院的老师在咖啡屋讨论手位、下肢、舞姿……

有时候，你就算费尽脑汁也想不明白，一个人为什么做了那么多不相干的事情。其实，所谓的没有意义只不过是你给自己在地上画了一条界线，然后告诉自己千万不要越过去。

毕业典礼的前一天，斜杠先生惊喜地收到了一份信件。我问他是不是有女生在毕业前抓紧告白呢，他激动的差点把正喝的水喷出来。拆开信封才知道这是他大学开始前去丽江古城旅行的时候，在一家小书屋花了20块钱寄给毕业时自己的一封信。信封里是张卡片，只有简单的一句话："你好，我是四年前的你。"

第二天，斜杠先生作为优秀毕业生代表上台发言，讲述他这整整四年的青春。下午剧场的舞会，他在舞台上表演了自己设计编排的舞蹈。晚上的送别party（晚会），和他关系非常好的舞蹈学院的安老师也去了，四年前一次被蹭课，让她收了斜杠先生这个得意门生。安老师说，斜杠先生在舞蹈研究方面很有天赋，现在已经达到专业的水准了。

那晚，斜杠先生把卡片上的文字截了图，放到了社交账号上并配文：“你好，我是四年后的你，我用了四年的时间去了解你。”然后，他又匆匆忙忙地跑到学校广场一家很有韵味的书店，寄出了第二封信。收件地点是北京，时间是三年后。

没错，以后所有关于斜杠先生的故事都发生在北京。刚到北京时他并没有找到与专业相关的合适的工作。但他始终相信，如果生活不如意，一定是自己还没有微笑到露出八颗牙齿。他始终相信，一切美好的东西都在马不停蹄地向自己赶来。

斜杠先生有一个关系很铁的发小，名叫小颜。小颜虽然名字有些女性化，但却是个有着八块腹肌的肌肉男，在北京一家健身机构做私人教练，认识很多朋友，朋友之间聚会吃饭是常有的事情。

有一次，小颜组织周围的五六个朋友一起吃饭喝酒，给斜杠先生打了电话：“没事就过来聚聚吧，都是些关系不错的朋友，没外人。”斜杠先生答应了，因为小颜在斜杠先生刚来北京时就告诉他：“不用担心，北京你不熟，但是有我在。”

第二天，斜杠先生起得很早。特意吹了个略显成熟帅气的飞机头，穿七分黑色休闲西裤搭配白衬衫，再加上他那走到哪里都能显摆的一米八的身高，让他在镜子面前自我欣赏了足足半个小时才出发。他说：“北京的年轻人都很时尚，我也不能太拖后腿。”

这天，北京春日的阳光正是温暖，他们相聚的地点在一家相对安静但比较有情调的音乐酒吧，算上斜杠先生，一共三男两女。刚一见面，就有一个女生热情地说："小颜，你还有这么帅气的朋友，快给我介绍一下。"这么热情主动的女生确实把斜杠先生吓了一跳，不过当时谁也没有想到，他俩后来成了很好的"闺蜜"。她叫萱仪，酷爱街舞，一副女汉子性格，很容易和男生玩到一块儿。小颜是她的健身教练，因为性格合得来就成了不错的朋友，他俩已经认识了好几年。

因为比较熟，几个人热热闹闹，吵吵笑笑比较随意。小颜一想，可不能错失了炫耀这个"宝贝"兄弟的机会，就对斜杠先生说："去台上来一段舞蹈，让大家嗨一下！"斜杠先生经常在朋友圈发一些跳舞的视频，所以大家都知道他跳舞很在行。斜杠先生本来在陌生人面前有些害羞，多次推辞，但是架不住萱仪的起哄和鼓励。最后，他起身走到酒吧台上，有些手忙脚乱地打开音响设备，说："这，这是我最，最新编排的古典舞，今天是处女秀哟，希望大家喜欢。"配乐响起，是当时流行的歌曲《凉凉》。整个酒吧都安静下来，大家把目光投向斜杠先生。曼妙的舞姿，专业的身段，刚才还灯红酒绿热闹的酒吧，仿佛瞬间变成了高雅艺术的专场演出。台下的人鼓掌叫好，萱仪激动得站起来喊道："你喜欢跳舞吗？""喜欢！"斜杠先生有些不知所措地点点头。从萱仪的眼神里可以看出她对斜杠先生那种有才男生的欣赏。整场聚会下来，斜杠先生无疑是全场的亮点。

聚会结束的晚上，斜杠先生收到了小颜的一条短信：“你愿意去萱仪的公司发展吗？”后面带着搞笑和祝贺的表情。斜杠先生有些迷茫，后来才知道原来萱仪是一家艺术文化有限公司的负责人，公司主要以街舞为主，最近打算增加古典舞的课程，但是缺少这方面的人才，于是有意招揽斜杠先生。没过多久，斜杠先生和公司正式签约，和萱仪吃饭的时候两人在对古典舞这一领域的计划上越谈越起劲儿，斜杠先生当时半开玩笑地说：“怎么也没想到，那天酒吧里的疯丫头在工作中竟是个女强人。”

入职没多久，凭着帅气的外表和专业的舞技，斜杠先生的课程节节爆满。靠着自己踏踏实实的工作态度，又和公司其他人有着不错的交情，他很快就在公司站稳了脚。那段时间，斜杠先生说他生活的所有内容就是舞蹈，这是他喜欢的生活方式。就这样工作了一年，斜杠先生在父母的帮助下在北京买了座不是很大的房子。有一天，他在微博上更新了动态：“很喜欢现在的生活，有喜欢的朋友，有喜欢的事情，但我想我应该还不会停止。”

很多人以为，斜杠先生在北京这么个不容易混下去的地方，从此活成了别人喜欢和羡慕的样子。然而，谁也没有规定人这一辈子只能喜欢一件事。

一天夜晚，斜杠先生走在西单繁华热闹的街道，看到最显眼的一座购物大厦的屏幕上播放着五月天演唱会上的《倔强》。这首歌的歌词里写道：“最美的愿望一定最疯狂。”斜杠先生其实也正倔强地坚持着自己的愿望。

斜杠先生的作品已经第10次被北京的摄影创意展览会拒之门外了。他说一定是自己的作品有问题，于是做了一个大胆的决定：向公司请了一个月的假，跟着一个专业的流浪摄影师朋友走遍了全国名山大川。当来到西藏海拔4700米的纳木错时，斜杠先生惊讶到眼珠都快跳出来了，只见镜头里，湛蓝的湖水接连着天空，湖边是牦牛和水禽，烘托出一种圣洁宁静的气氛。那一刻他感觉置身于这天地云水之间，浑身仿佛都被净化了。他第一次感到摄影是一件很奇妙的事情。朋友在旁边一边拍摄一边给斜杠先生讲线条、光线和构图，一个月下来，斜杠先生的摄影技术突飞猛进。那时，他说他深深地喜欢上了旅行摄影师这个职业。

后来，公司里年轻的舞蹈老师们都说，他们最开心的事情就是每次休假斜杠先生都会带着他们去北京附近的自然景观去散心，给他们拍一些很专业的照片。一传十，十传百，连斜杠先生的舞蹈学员都知道了他的拍照技术。那段时间，斜杠先生每天都在微博上分享舞蹈教学和摄影技术，引起了很多粉丝的关注，俨然成了一个小有名气的网络红人。

没过多久，斜杠先生在朋友圈发了一条动态，朋友们都纷纷转发。原来，他刚刚成立了自己的线上旅行摄影小屋，工作时间为周六日，每周最多接受5人报名。斜杠先生说：“因为无比的喜欢与大自然接触，所以每次工作我都特别开心，既旅行，又摄影，每周总能认识几个志趣相投的朋友。”

总之，斜杠先生的生活一直都被喜欢的事情所填满。

更让斜杠先生开心的是他的连载短篇小说终于出版了。他兴奋地对周围的朋友们说自己终于实现了自己上学时候的梦想。在斜杠先生的家里，有一间书房是他专门留给自己的空间。每天晚上睡觉前两小时，他都会坐在书桌前写作，早晨起来他会阅读一小时。从他来北京开始，这个习惯已经保持了整整三年。

这三年里，他最常去的地方就是各种文艺书店，身边人都说他是北京行走的书店导航指南。太古里南区的Page One，英伦风格的西西弗，中关村创业大街的言几又……只要有空，他每周都要去一次，安安静静地坐在那里看书，一坐就是一下午。有一次，朋友在书店偶遇斜杠先生：戴着复古的方形眼镜框，跨着休闲双肩包，脚穿经典的白色球鞋，倚靠书架，坐在地板上安安静静地看着书。

朋友没有打扰他，悄悄地给他拍了照，回去后把照片发给了他，还跟他说："没想到舞蹈课上的热血教练，认真看起书来的样子还真帅气。"

没有谁规定服装设计师不可以踏进写作圈，没有谁规定医生不可以做一名画家，没有谁规定你不可以跨越心中的边界。守着单一生活过一辈子的人，一定会无趣地老去。那些厉害的人，从不会抱怨时间不够，因为他明白，对于一样东西，越是喜欢，就越有能力做好。斜杠先生说："斜杠青年并不等同于做兼职，一定要处理好不同工作之间的关系。"

刚刚斜杠先生打电话说，他这几天约了朋友去北京剧场看一场音乐会。一想到他说的，只要有能力和时间，他会做一切喜欢的事情，我就知道：他应该是又在准备为自己越界了……

精致的生活，是心的体面

“男生也应该过精致的生活。”这句话几乎成了泊宸的宣言。

每次他在朋友面前说起这句话的语气和架势，都像是要掀起一场反对“只有女生才可以过精致生活”的革命一样。当然，他是有这个实力的。他精致到连女生都甘拜下风，生活过得比女生还细致。

然而，20岁之前的泊宸并不是这样的。一件衣服穿一个星期算短的，穿得脏透了才会想起去换洗一下。那时候的他还特别喜欢白色，而且衣服的颜色搭配总是丑到旁人无力吐槽。每次理发，他从不担心没有办法和理发师达成一致的意见，因为他总是对理发师说一句话：“怎么顺手怎么剪。”他从不用洗面奶，东西杂乱无章，随便乱扔，每次找东西都翻得满地都是。倒是有一个例外，那就是他把画笔永远整理得很整齐。因为他有一个特长——喜欢画漫画，尤其是连环画。

至于为什么活得这么不讲究，他的解释是：“男生嘛，那么讲究干什么。”

后来，靠着自己的天赋和努力，他考上了鲁迅美术学院。

美术学院的男生女生大部分都打扮得十分时尚养眼，而泊宸走的是田园淳朴风。每次走在校园里看到那些穿着“妖艳”，画了眉毛、拎着书包的男生，他都会一本正经地看着身边的舍友：“男生为什么要画眉毛？”舍友总是予以最严厉的回击：“为什么不可以？”舍友是那种每天都会把书桌用湿抹布擦到恨不得能反光映出人影的地步时才会停止的人，出了名的爱干净。

上大学的第一年，舍友这种爱干净的习惯竟然没有让泊宸产生哪怕一点想改变的想法，倒是舍友每天像照顾孩子一样，还帮泊宸整理东西。对于如何成为一个精致的男孩，舍友算是泊宸的启蒙老师了。但是很显然，泊宸冥顽不化。

真正让泊宸想要好好捣饬一下自己的，是当他在教学楼下第一次见到他女朋友的时候。“白酒红人面，美色动人心”，这话没差。秀逸长发，淡妆素颜，像极了《大话西游》里的紫霞仙子，那一身的“仙气”让泊宸20年没有悸动的心狠狠地漏跳了一拍。他硬着头皮要了那个女生的微信，交谈了一个月以后，直接表白。然而，女孩却说：“不好意思，我们比较适合做朋友。”

这次失败以后，整个宿舍连夜开了一次紧急大会，一致认为是泊宸的发型和衣着上出现了严重的失误——才华自不用说，毕竟泊宸是院里出了名的绘画才子。第二天，三个舍友按照穿衣指南、实体店购买衣服、现场搭配的精确分工，准备将泊宸进行一次180度的大转变。

虽然总说人不可貌相，但是一个人的外在表现绝对是形成良好的第一印象的重要前提。形成良好的第一印象，才会有接下来的相处、磨合。

在泊宸改变形象后，他用了一个月的时间狂追那个心仪的女孩，最后终于成功了。她跟他说的第一个玩笑便是：“以前你怎么那么土。”

在相处了一段时间后，两个人都用心地喜欢上彼此。在一起一年以后，女朋友说：“如果再回到你第一次跟我表白的时候，你还是那个把白球鞋穿成灰色也不换的灰头土脸的臭小子，我一定还会拒绝你。因为，那个时候我还没有发现，你最让人喜欢的地方，是你的为人，你的性格，你和我相处的方式，你永远都那么体贴、设身处地地为我着想。”

在朋友看来，泊宸和女朋友在一起后最显而易见的变化，就是整个人的品位明显提升。服装方面：休闲西装、运动款、正式款分门别类，鞋子经常刷洗后整齐地摆放在鞋柜，每次出门都必拿纸巾为需要的人备着。他开始注意发型的选择，对衣服的款式、颜色的搭配也变得很讲究。和女朋友出去玩，每次都见他挎着女朋友的背包，言谈举止也变得越来越绅士、大方。

很多人都觉得，泊宸也像恋爱中的男生一样，变得爱美爱耍帅。其实，这是他和女朋友之间的约定，两个人相约用三年的时间一起变得更好。首先从饮食起居的小习惯开始，她告诉泊宸怎么收纳衣服，怎么护肤，怎么穿更有范儿。她还陪泊宸一起去学习基本礼仪课，在泊宸上台比赛前，为他整理领带加油打气……她曾经对泊宸说过一句话：“我希望能陪着你，看你慢慢变得优秀，由内到外。”这一陪，就是整个大学的青春。

谁也没想到在毕业的时候，两个人分手了。那个晚上，泊宸独自跑到学校操场的路灯下喝得酩酊大醉，舍友们在不远的墙角处偷偷地陪了他一整晚。而听朋友说，泊宸的女朋友也已经很多天没有好好吃饭，每天都哭得让人心疼。

至于两人分手的原因，后来谁也没有问起过。

现在，泊宸成了一个很有名气的插画师和绘本作者，出席活动的时候还真有点明星气场。在签约的公司里，他每天都很忙，但即使再忙，他也一样活得很精致。

现在的泊宸，相较他二十岁那时可谓大变模样。他说，是前女友帮助他改变，让他觉得男生也可以活得很精致。

精致的生活，不仅可以使一个人看起来更干净、阳光、有气场，更重要的是给人一种对待生活的心态。每当出席签售会的时候，泊宸都会画上淡妆，提前准备好几套衣服以便进一步仔细研究，还会让助理反复对比给自己提出意见。他说衣着外貌是一个人在公共场合的第一印象，穿的得体也是对别人的尊重。

最让女生羡慕的是泊宸家里那个30平方米的衣帽间，里面几十双鞋子整齐地摆放在一排，衣服都是搭配好的一整身，每一身都贴上了适合在哪种场合穿的小标签，领带和手表也是样式齐全。

在生活中，他像绅士一样无论在哪里都讲究坐姿站姿，上餐桌时记得给女生推椅，走在路边一定让女生靠内侧，下车的时候主动为女生开门。他每天都会去健身房健身，还会定期做瑜伽以保持体形。他的早餐基本是30天不重样，像番茄、黄瓜这样的蔬菜都是周末专门开车从农家菜园那里采购来的，说是绿色蔬菜吃着更放心。他家阳台前面是块小菜园，他喜欢在里面种点花草，偶尔种些葱、姜、蒜这样的小菜，一片青葱的绿田映着晨光，格外地有生机。

关于家务，由于工作太忙他完全可以请个保姆阿姨来帮忙整理屋子，但他喜欢自己动手，不喜欢让别人帮忙，因为日后自己不好找东西。两天一小扫，三天一大扫，地板擦了又擦，所有物品分门别类，还要养花育鱼，很难想到这么多的事情他是怎么做到井井有条的。

以前，泊宸认为精致的生活就是衣着容貌的改头换面。后来他发现真正精致的生活是能够经济独立，把自己照顾好，把诸多事务打理好。不一定要有高雅的格调，但是一定要有自己的兴趣和爱好；不一定要过奢侈的生活，但是一定要有自己的小天地。

从大学毕业到现在，泊宸都再没有找女朋友。他说，前女友最喜欢独立、干净、阳光又精致的男生，是她陪着自己一点点改变。听这话，感觉他可能一直都在等，等着前女友再回到身边；也有可能是真的相信，有些人真的只能陪自己到那里，只是还没准备好开始新的生活。

有一种累，是梦想与现实的碰撞

昏昏沉沉地在床上躺了一天，为什么越睡觉反而越累呢?

宫先生每周末都躺在床上睡觉，不会和朋友出去吃饭、逛街或者看电影。在学校里他和一帮调皮捣蛋的孩子们斗智斗勇熬了五天，到周末终于可以休息一下，他恨不得一天睡二十四个小时。

和之前一样，爸爸依旧在屋子里苦口婆心地劝他多出去走走，多认识一些朋友，这样才能早日给他们找到儿媳妇，让他们抱上大孙子。听到这话的时候，宫先生穿上衣服，脸也不洗，摔门而出。

妈妈指责爸爸："孩子想做什么就去做什么，你怎么这样逼着孩子。”

爸爸想早日看到宫先生成家立业，妈妈说：“我更希望他开心地做自己喜欢的事情。”

宫先生在市中心一所公立初中当老师，原本最不想过四平八稳生活的他最终还是选择了教师的行业，他身边的所有人都羡慕宫先生的编制工作，福利待遇好还相当稳定。但是对于宫先生来说，这并不是他想要的生活。

一年之前，宫先生对爸爸说：“给我两年的时间让我自己闯一闯，如果不成功就回来好好工作。”但是爸爸不同意，说他不小了，该找一份稳定的工作，建立一个稳定的家庭，这样父母才会放心。虽说现在有很多父母的教育观念都很开明，他们会放手让孩子去做自己想做的事情，但也有一些父母像宫先生的父母一样。

宫先生又能说什么呢？他从小到大都是这么一步一步过来的。最后他和爸爸商定的结果是，只给他一年的时间去尝试和打拼。宫先生最大的梦想就是成立自己的动画电影工作室，他知道这一年其实并不能做些什么，创业不是想象中的那么简单，不是马上就能立竿见影的。但他还是答应了，至少这一年时间，他可以做自己喜欢的事情。

一年以后他事业正起，那天他给妈妈打了一个电话：“妈，我能再尝试一年吗？就一年。”

“儿子，妈妈知道你很喜欢动画，喜欢的话就继续坚持下去吧，妈妈支持你。”可还没等妈妈把话说完，坐在一旁的爸爸就把电话抢了过去，对他嚷道：“你都这么大了怎么还是不懂事，我们还不是为了你好吗？”

那是他长这么大，爸爸第一次跟他发脾气。

电话打完以后，宫先生蹲在那里哭了很长一段时间。他走在回家的路上，几次走到自家楼下又按原路返回，兜转了好几个圈，好几次想伸手敲门又放下，最后跑到楼下的角落里一个人抽了很长时间的烟。直到妈妈给他打电话问他为什么这么晚还不回家的时候，他才停止。到家后妈妈问：“又抽烟了吧？”他一句话也没有说，头也没回直接进了自己的卧室。

后来他回到学校继续当老师。每周工作五天，休息两天。他努力地让自己进入工作状态，给学生上课的时候格外认真，年轻的他在学生面前很受欢迎。只是每天下班到了家里他就像变了一个人似的，对爸爸爱搭不理，对妈妈也很少说话，沉默寡言地躲在卧室里。只有吃饭的时候才会出来，饭桌上和父母聊天也是有一句接一句的那种，这种状态持续了很长一段时间。

那天宫先生不在家的时候，爸爸去他的卧室。看到抽屉里有厚厚的一沓动画设计手稿，看得出来儿子对动画是发自内心的喜欢，爸爸心里很不好受，把手稿整理好放了回去，当作什么事情也没有发生过。

晚上下班回来，宫先生还是像往常一样，直接走进自己的卧室。爸爸妈妈在厨房里做饭，他们买了宫先生最喜欢吃的菜，妈妈也准备给他炖排骨汤好好补一补。“谁动了我的东西！”卧室里传来的这声咆哮，让正在切菜的妈妈不小心切到了手指，爸爸赶紧拿创可贴帮妈妈把手指贴上。

“是我，不小心看到了，一张也没坏，都放回去了。”爸爸说。

“我都说了不要随便动我的东西，你们不是不希望我做动画吗？那好，如你们所愿。”一堆设计了半年的手稿被他撕得粉碎，扬手一扔，撕碎的手稿飘落在整个屋子。妈妈一边流泪一边捡起地上的碎纸片说：“儿子，以后你想做什么就去做吧，你这样，妈妈真的很难受。”爸爸什么也没有说，回到厨房继续做饭。

终于，晚饭做好了。满满一桌子饭菜，都是宫先生爱吃的。

爸爸说：“儿子，今天咱爷俩喝点白酒吧，聊一聊。”这是老爸第一次主动找宫先生聊天。家里酒不够，爸爸让妈妈下楼去买。

“你是不是恨爸爸，因为我没有让你做你自己喜欢做的事情。”

“是。”

“那你知道为什么吗？”

“不知道。”

“在听说你打算去另外一个城市创业的时候，你妈妈哭了整整一个晚上，因为她怕不能每天见到你。她生病了，病历单在你妈妈衣柜的最底层，她怕你看到，藏得很深。她说她会支持你做你喜欢做的事情，但是每说完这句话她都背地里偷偷抹眼泪，她是真的想陪在你身边。”

听了爸爸的话，宫先生还没有来得及把夹到的菜放进嘴里，就一直愣在那里。

“你妈妈说了很多次让我不要逼你，是因为她爱你。可我做不到。我知道这么做对你来说不公平，我很爱你，但是我也很爱你妈妈。原谅爸爸的私心，我只想让你在我们身边找个工作，每天陪在她身边。催着你结婚也只是想让她早点看到孙子孙女。”

宫先生听完，哽咽在那儿，一句话也说不出。

那晚，宫先生和爸爸聊天的时候，妈妈就在路上晕倒了。还好，她没什么事。

那天以后，宫先生就像是变了一个人，不再对爸爸妈妈冷言冷语。对他来说，这个真相出现得很及时，因为有些东西，时间是等不起的。

有些人和事，要定期清理

回忆小姐已经不知道第多少次地站在阳台上冲着天空大声宣誓，一定要和过去做个了断。她是一个心软的人，有人让她伤心，只要好言好语地跟她说句对不起，前一秒惹她生气到发誓一辈子再也不理的人，没过几分钟就可以被原谅。可她唯独和以前的自己过不去。在心里说了一万遍没关系，却一次也没有做到。

她记得最清楚的一件事是小时候和发小一块儿在家里玩耍，两个人因为玩具吵了架。推搡之中不小心把发小绊倒，膝盖磕了个大口子去医院缝了几针，好了后留下一块很小的伤疤。现在她俩还是很好的闺蜜，也正是因为两个人的关系太好，所以每当看到闺蜜的伤疤时她都很自责，心中隐隐作痛。

太容易活在过去的人，就像沼泽一样，只会越陷越深。

熟悉回忆小姐的人都知道，她有一个习惯：定期地整理东西。她会把所有不会再用到的，多余的东西统统扔掉，甚至是刚买的化妆品，遇到烦心的事也会一气之下把东西丢进垃圾桶里，然后把房间的各个角落都收拾得干干净净。只是，把这些看得见的东西清理掉了，内心的灰尘没有擦拭干净，又能坚持多长时间呢？过不了多久，她就又会陷入自我设限的死循环。

家人和朋友都劝她，过去的事情再想，只会绊住自己的双脚，让自己无法前行。作为一个心事很重的人，她经常左耳进右耳出，根本没有听到心里去。每天晚上睡觉的时候，她总是忍不住想起一些过往的事情，辗转反侧直到晚上一两点也睡不着，即使入睡也会梦到很多与之有关的画面。

最严重的一次是她把自己反锁在房间里，整整一天没有吃东西。原因是她和男朋友异地恋四年后，两人分手了。分手是她提出来的。

他们互相喜欢彼此，互相陪伴了这么长时间，突然间有一天手机里的消息变得冷清，没有人互道晚安，没有人打电话视频，那种两个人长期以来形成的共通的所有习惯都消失了的感觉，让她很难适应。她手机里还留着和前男友在一起时的所有照片，还有他们一起去旅行、一起看电影、一起吃饭、一起登山、一起蹦极的视频。

她总是做很多傻事，傻到让人心疼的那种。

五月二十号那天，回忆小姐本来是打算和闺蜜一起去吃饭逛街的。马上就要中午了，闺蜜坐在咖啡馆里一直没有等到回忆小姐。打电话才知道，就在前一个晚上，回忆小姐临时买了动车票一个人跑到泰安去了。闺蜜很气愤，她也知道回忆小姐的办事风格一向都是这样，也就没再说什么。因为离家很近，闺蜜也立马买了去泰安的动车票，找到了回忆小姐。

回忆小姐说，去年的今天她和男朋友一块儿去登泰山。他们两个互相加油鼓劲儿爬到了山顶，晨光初绽的那一刻，他们拥抱在一起，当时是觉得这样就能在一起一辈子的。

“好了，可以了，我不是来听你回忆这些过去的事情的。”闺蜜打断了回忆小姐的话，她双手扶在回忆小姐的肩上，目光注视着她的眼睛。

闺蜜问她：“你还喜欢他吗？”

回忆小姐说：“不可能在一起了，我只是很怀念那段时光。”

闺蜜说："听着，从此以后他和你没有半点关系。把你的手机给我！"

闺蜜夺过回忆小姐的手机，点开她手机相册里单独设置的和男朋友的图片文件夹，对回忆小姐说："我要把这些全部都删掉，不管你愿不愿意，我都会这么做。"回忆小姐没有说话，只是一个人望着天边飘过的云。

那天，她的心情就像是天边轻轻飘过的云，是从来没有过的自在轻松。从山顶俯瞰下去，她指着一片绿树丛林对闺蜜说："你看，这绿色的一片，群峰的姿态多么美丽。"是啊，站在高处举目远眺的时候，视通万里，云卷云舒，心情也随之变得明朗开阔。心情不好的时候，就去山上走一走，不要总是在自己熟悉的环境里徘徊。在低处，你看到的都是垃圾和一些鸡毛蒜皮的小事，而走到高处，所有你不想看到的东西自然就会消失了。

回忆小姐说，她把过去那些占了很大空间的不开心的回忆都清理掉了。她决定开始存储那些值得纪念的，真正美好的瞬间。

从那以后每当回忆小姐忍不住想起过去一些难过的瞬间，她要么看电影，要么找朋友聊天来转移注意力，实在控制不住陷入其中无法自拔的时候，就拉上三五个好友来一场说走就走的旅程，回来以后就当什么事情也没有发生。有些人和事，是要定期清理的。不是因为他们不重要，而是因为分量太重会把你压得喘不过气来，那就必须要学会放下。

很多事情只要看开，也就不容易再陷进去。

年少有为，好过大器晚成

他叫张元，90后作家，是我在大学里认识的。

当时，我是校党委宣传部的记者，编辑部的老师让我去采访他，写一篇人物通讯。因为我俩都是在文学院，而且认识了一段时间，我就给他发微信说不用太正式，坐在一块儿聊聊天就好。他说："好的，学长，我正想和你聊聊天呢。"他真的很有礼貌，三五句话就会叫一声"学长"。没错，他还比我小。

那天下午阳光很足，我俩从学校商业街的蜜雪冰城买了两杯柠檬绿茶，没有摄像，没有笔录，像是两个许久不见的朋友，在小河旁边的木板上坐着聊了一下午。

我问他：“你一定读了不少书吧。”

他说自己从初中就开始“搭建”自己的小型的家庭图书馆，父亲特意为他准备了三个大书柜供他存放书籍，不到三年的时间他就把三个书柜装满，以至于后来不得不再添置书柜。这书柜里四五千册的图书杂志，就是他最大的爱好。15岁的时候去参加《读者文摘》杂志社组织的青少年征文大赛，他年龄最小，也是500名参赛选手中唯一一名在校中学生，可却凭借自己优秀的文笔登上了该杂志的版面。

听到这里，我以为他的写作道路是从初中开始的。令我没想到的是，他从8岁就开始写作，10岁就出版了个人首部作品集《张元的诗》，12岁作协会议期间接受定西广播电视报的采访，14岁时做了第一个报告《你好，我们是同龄人》，15岁开始第一场个人讲座。

他说完自己的经历，转头问我：“学长，你那个时候都在做什么呢？”

我回答道：“我呀，上学，考试……上课，写卷子。”

他说：“我学习很差，总是考不好。”

我说：“其实哪有什么差与不差，每个人都与众不同，很多人都羡慕你现在的样子呢。”

那个下午我一直在听他讲关于文字、青春和梦想的故事。说实话，原本每当听到这类字眼和所谓情怀的时候，我都会有点反感和抵触，但是那次我听得特别认真，如果不是他告诉我要去吃晚饭了，我都没发现天已经黑了。

最后，他认真地说：“我和木瓜有一样的性格，我们都只做自己喜欢做的事情。”

在他看来，他的作品《如花岁月里的俊美少年》就是他真实的缩影和写照。初中时完成玄幻小说《红鸟一》的创作时，他哭了。每写一部小说之前，他都要沉淀很长的一段时间。看得出来，他对每一句话，每一个人物，每一个读者都很负责。

由于我对小说的故事情节和人物关系很感兴趣，就问了一下他是怎么梳理和构思的。他告诉我说：“把生活中不同的人发生的不同故事联系在一起，加上艺术的效果投入到小说中去，比如我和你，咱们之间的故事就可以是一个素材。”相较于那些搞理论的人来说，我更喜欢听这些创作者自己的想法。

我除了佩服他的才华和天赋，其实更欣赏他努力、认真又踏实的态度。

上大学时，为了文字创作，他付出了超出常人几倍的努力，忙的时候一天只睡五个小时。一天当中，他60%的时间都用来写作。有一次去他的寝室，看到整齐的书桌上面放着一沓厚厚的手稿，按类别放在不同的文件夹里，有小说的提纲，有预约的稿件。墙上的计划安排表格外的显眼："10月20号，200行稿子；10月31号，300行稿子……"。他解释说："今天小说写到哪一章，预计多少字，这些事如果弄不完，晚上宁可不睡觉也要把该办的事办完。"我问他："你不累吗？"他说："很累，很少有休息的时间。"

忙的时候，他最多一天写过7篇文章，将近3万字。每当下课后，他都会找一个安静的地方专心写作。写作和学习之余，他还经营着自己的事业，成了名副其实的"小老板"。2012年，他成功策划了全国青少年文学经典阅读之《后青春阅读》，这也是他第一次策划图书兼做编辑。

荣誉只是来自外界的一种肯定，更多的是对自身要求的不断提高，要以一种平常心对待。虽然只是学生，但是他却有一身的作家范儿——甘肃省作家协会会员，"甘肃文学八俊"仅有的两个90后之一，《岷州文学》主编，被中国作协副主席赞为"西部骄子，陇原新秀"，在全国重要杂志上共发表文章500余篇，出版《陌路花开》等八本书籍。

他说，他在文学道路上的成果，有很多老师的帮助。一次他以青年作家的身份去参加首都师范大学文学院院长、博士生导师吴教授的学术论坛。会后，吴教授问他：“年轻人，你是什么大学毕业的？”“老师您好，我是一名高中生，我叫张元。”“甘肃的那个张元？”“是的。”就这样，小有名气的他和对他有所耳闻的吴教授交谈了一个下午。

在定西作家大会上，一位中学校长邀请他给学校里和他一样喜欢文字的孩子们讲讲他写作的故事，让他把文字的魅力介绍给更多的孩子。在四年一次的甘肃文学大会上，甘肃省文学院院长曾调侃他：“这里有一个年龄特别小的作家，我们每个人都是他的叔叔阿姨，最次也是哥哥姐姐。”

那天下午，我听他讲了很多自己的故事，却仍然感觉意犹未尽。

我说：“有时间我们还这样坐一坐，虽然下次像这样畅聊就不知道是什么时候了，但是很喜欢这种坐下来分享彼此故事的感觉。”他说：“好，随时都可以。”我知道他很忙，所以后来毕业前在学校的时候也没怎么叫他，但是一直都在看他写的每一篇文章。

一个人要想有所作为，展现出自己的实力，必须有一定的积累和磨练，拥有发光的内涵和底蕴。只有拥有出众的才华，你才能“不鸣则已，一鸣惊人”。请记住，是金子总会发光的。

第二章
个性，让你与众人不一样

有个性的人，不仅酷，而且是爆款

有个性的人，一定是思想上特立独行的。他们不畏惧条条框框，不给人留下刻板的印象，不因为别人的期待而活着，只按自己喜欢的方式生活。生活中大部分人是没有这种勇气的，所以真正算得上有个性的人寥寥无几。

朋友给我发来图片，上面是几个年轻人文着文身，穿着奇奇怪怪的衣服。朋友跟我说："你看现在的年轻人多有个性，胆子也大。不像咱们小时候规规矩矩的，每天只知道乖乖地上学，这要是放在咱们那个时代，早就被学校通告批评并且告知家长了。"的确，我们小时候连在胳膊上贴一个假的文身贴纸都会被周围人判定为有不良倾向，更别说是文一个真的了。在现在的社会，多元化的因素给了年轻人很多的成长空间。

但我并不认为这叫个性，因为他们这样只是表面的特立独行，并不是头脑和心灵的。

我第一次知道竹泉先生这个人时闹了一个笑话。当时我把竹泉先生的图片拿给身边的人看，并且跟他们说：“你看这个女生多有气质，像极了古装里的女主，一袭白衣，容妆淡雅，站在竹林清泉之间，宛若仙人。”朋友仔细地拿过照片盯着看了一会儿，质疑道：“哇，这是个男生啊，没看到还有喉结吗？”我出奇地意外，怎么也没有看出来他竟然会是一个男生，于是，开始慢慢了解他的故事。

他是一个业余的作家和野生摄影师，在一座海岛上盖了一座精致的房子。房子很大，打开窗户，是茂密的树林，清晨，阳光照射进来，伴着鸟语的旋律，格外惬意。房子的不远处，是一条近百米的小溪，再远处就是海洋和沙滩。他在这个地方生活了整整五年，除去买生活用品的时间，其他的时间他都待在这里，在别人看来他就像是与世隔绝一样。在这里，他做自己最喜欢做的事情——摄影和写作。说实话，我很佩服他，放弃城市便利的诱人的生活，一个人生活在这里，一过就是五年。我更佩服他的是，他才27岁，就有勇气决定用这样的方式度过最青春、最活力的年轻时光。

我也有过这样的想法，像古代文人志士一样在老的时候归隐山林，静度余生，过着松荫懒睡，戏掬清泉的生活，但是我从来没有想过，也没有勇气会在年轻的时候就这样去做，或许我根本就做不到。

竹泉先生在岛上每天做的事情就是拍摄，大到远处的山林，小到海边的石头、林间的昆虫、小溪游荡的鱼儿，都是他眼里的风景。他每天都会拿着摄像机在大自然里探索和发现，晚上回到住的地方，开始一个人静静地看书或者把一天的所见所闻用文字记录下来。这样的生活在别人看来或许枯燥，但在竹泉先生这里却甘之如饴，因为只要喜欢，每分每秒都能成为一种享受。

岛上没有网络，竹泉先生拍的照片都是定期回到城市中心的家里传给大家看的，他每个月都会定期回家看看父母。父母虽不怎么情愿儿子搬到那个地方生活，但是每当儿子回家的时候他们还是很开心的。他们也会定期买一堆衣物、菜食，带着去看望儿子，知道他一个人过得很好才放心。

关于竹泉先生拍的女性古装的照片，是在几个朋友一起去看望竹泉先生的那几天拍摄的。当时竹泉先生在岛上生活了很长一段时间，因为不想出去，所以头发一直没剪，自然而然就留了很长。来找他的都是玩得好的作家朋友，雅致起时也学古人玩起了曲水流觞，大家围坐在山前的小溪两旁，推杯换盏，现场作诗。后来，竹泉先生取出古筝，放在岩石之上，开始弹奏古曲，当时他身穿一身白色古装。朋友拿出相机，随手给他拍了一张照片，没想到惊艳全场。后来朋友们把这些照片发在社交网络上，这种风格受到很多人的欣赏和追捧。甚至有图库媒体找竹泉先生签约，但是他拒绝了。

我很佩服竹泉先生，佩服他反叛世俗的心态，佩服他没有给人生立下规矩，佩服他有一方精神之岛，大概这就是我眼中最有个性的人。个性一定是来自头脑和灵魂深处的，不一定与别人的眼光和期待背道而驰，却让自己活得无比舒服与自在的生活方式。

竹泉先生的故事被更多人所知晓，很多人跑去找他。他没有拒绝，闲下来的时候就和陌生人聊聊天，找个有水、有花、有草的地方和客人坐着分享彼此的故事。在客人临走前，他会为客人做一顿简单的晚饭，就像走亲访友一样招待着从来都没有见过面的陌生人。因此竹泉先生认识了很多知心的朋友。

有人说竹泉先生是在逃避生活，甚至讽刺他没有宏图大志，才这么年轻就选择了只有老年人才会考虑的生活方式。其实，说这些话的人，他的思想和价值观早就已经被固化了。因为没有谁规定哪件事情必须是在哪个年龄才可以做的，这本身就是一条不存在的条约。

竹泉先生活得很开心，摄影是他最喜欢的工作，隐居之处的大自然是他最与众不同的素材，连同他身上的故事都是独一无二的。

我一直都特别喜欢和有个性的人交朋友，因为他们身上的某一点，总会使人拜服。我也时常质问自己，长这么大有没有哪一件事情是纯粹地为了让自己开心这一个目的而坚持很长时间的。想了很长时间我也没想出来。我没有竹泉先生那样的勇气，在人生最宝贵的青春年华放手去赌一把，去尝试自己喜欢的生活。有段时间，我经常看网络综艺《奇葩说》，每出一期追一期，不仅仅是因为里面有很多经典的语句和犀利的观点，更多的是每个奇葩成员都有属于自己的标签，虽然看上去很另类，但至少他们敢于在公众之下展示最真实的一面，至少他们没有扮演社会赋予他们的各种角色。

我相信，每个人生下来时都独有一份无与伦比的美丽的个性。你就是你自己，不要把这份最容易让人辨识你的特点弄丢。

至少有一项才能，可以惊艳全场

在和朋友一块儿去武汉的高铁上，我旁边坐着一个拿着一本中文地理旅游杂志的欧美帅哥，眼蓝肤白，身材有型。朋友朝我微笑，一副势在必得的样子，她主动向他搭讪，两个人用英语聊得不亦乐乎，我这个不懂英语的门外汉听得云山雾绕。一路上朋友把我“晾”在一边，就像我俩是陌生人一样。后来才知道，他俩聊的是中国的文化，那位欧美帅哥对中国饮食情有独钟，是个典型的外国吃货友人，这次就是来中国开拓美食版图的。

中途，这位外国友人下了车，让我意外的是，平时跟长得稍微帅点的男生说话都会脸红的朋友，竟然要到了那位外国友人的联系方式。

我对她说："可以啊，看你用英语交流的那股流利劲儿，坐在咱座位后面的那两位小姐姐估计羡慕得都快要跳脚了。"

朋友说："英语可以提升一个人的自信和气质，甚至可以成为你的核心竞争力。"

我感觉说得有点道理，但还是不太信。

接下来，这段高铁上的旅程，她给我讲了她实习的教育公司中英语大咖凯拉老师的故事。凯拉老师是刚刚来到上海工作的，在一个月之前她还在北京工作，年薪是让很多人羡慕的百万出头。然而对于这样一份工作，她说辞就辞。国外十年的留学生活，雅思和托福都几近满分，含金量这么高的招牌，走到任何一个城市的顶级公司都会有人抢着的，要而且薪资不菲。最主要的是，凯拉老师才刚刚29岁，工作十分认真，课又上得好，再加上一身优雅的气质，对身边的同事很有礼貌，自然而然地成为很多人的女神和榜样。

由于以前做过校园记者，专访人物的时候总喜欢"刨根问底"式地把采访对象问得透明、清晰、无死角。下了高铁，和朋友一块儿去餐厅吃饭时，我又问了她一连串关于凯拉老师的问题，以至于朋友被我炮弹式喋喋不休的发问搞得好几次被饭噎到。

于是，我知道了更多关于凯拉老师的事情。她是从五岁就开始学习英语的，即使现在有了一番事业，但仍坚持每天四点半起床去晨跑，看英语周刊，练习发音。本来我还想继续问一些关于她是怎么做到早起、具体怎么做的等问题，然而，话到嘴边又收了回去。我想，每个有能力的人，都有一段不张扬、不显露的日子。喜欢一件事，从不会暗自自欺，不用刻意地谈自控力、自律，就算三点半也能起得来。

后来，我问朋友："你知道'一万小时法则'吗？"

她摇了摇头。

发现这么优秀的朋友难得有知识盲区，我心里不免嘚瑟了一小会儿。我让她拿出手机，打开计算器，给她出了一道算数题。如果一天8个小时，10000小时需要多少天？"1250天，不间断的话，大概三年半。"她很快就说出了结果，还开玩笑说，"别卖关子了，王老师，学生的求知欲这么强，你怎么一点也不着急呢？"

我缓缓道来："这个法则是我在格拉德威尔的《异类》里看到的。一万小时法则说的大意就是想要成为一个领域的专家，至少需要一万小时。如果一天八个小时，一周五天，要想成为专家至少需要五年。然而，实际上很少有人能坚持一天只做一件事而长达八个小时。"接着我又让她继续算，一天用两小时，一周按五天算，需要多少年。

她说："大概十八年。"

我说："一天两个小时，有个双休，这件事不难吧。"

如果从10岁开始培养自己的爱好和兴趣，每天只需要坚持两个小时，30岁之前是肯定能有所作为的，但是很少有人能在这么小的年纪有这么长远的眼光和格局，甚至连大部分父母的教育观里都从来没有想过要这样培养孩子。

朋友说她很后悔，我说我也是。

于是，整个晚上，我俩坐在草坪上，看着满天的星空一直都在感慨如果十几岁我开始做这件事就好了，如果高中的时候我把这件事坚持下来现在会怎么样了。其实我俩都知道，对于已经过去的遗憾，现在的抱怨已于事无补。

她突然说道："没关系，以后培养儿子或者女儿，可以这么办，算是生活的教训。"这个话题转得让我一愣，觉得很搞笑，没忍住"噗"地笑了一声，把正在认真思考人生的朋友吓了一跳。当时的我还在二十五六岁的读书的年纪，怎么也没有想过还有养儿育女的责任，也没有想过自己到底有没有能力支撑起一个家庭。但事实上，很多优秀的同龄人已经做到了。

从那次笑完以后，每当有人谈起这个话题，我都没有再笑过，反而会认真地说："身上有责任，我确实该努力了。"

她说："那你有想过研究生毕业以后，该怎么工作，怎么挣钱吗？"

这个问题直到那次我离开武汉之后的很长一段时间也没能回答她。

前段时间，我通过简书加了一位写作人的微信，他在读文艺学研究生，喜欢读书、写作和健身，现在在学校上课，每个月的收入至少五位数，已经完全实现了经济独立。研一的时候他坚持日更文章，整整一年，最初只有几个人阅读，现在全平台的阅读量达到10亿，粉丝10多万，文章多次被人民日报、新华社转载，今年还出版了自己的第一本书。这几天，看他朋友圈发动态说，他要去当当总部签售500本书，又在网易蜗牛读书认证为领读人，开始忙着写书评了。

我把他的事讲给我在武汉的那位朋友，她问我："你也打算这样做吗？"

我说："不。"

我忘记了当时我在电话里跟朋友说这句话的语气，反正只要有人跟我说"你打算成为像谁一样的人"的时候，我的心里多少都会有些反感。反感的是为什么非得要照着别人的模子做人，而不是自己想怎么活就怎么活，想怎么干就去大胆地尝试。

后来的很长一段时间，我都在想，每个人生下来一定是有能够让其生存的天赋和本领，所谓术业专攻，其实就是当你把一件事做到能够惊艳全场的时候，你就有了生存的保障。

记得在大二的时候，我买了一本北大教授张颐武解读人生的警语书《年轻时》。书中在谈到怎么把文学专业研究好的时候，他说一定要有自己的看家书。看家书，也就是说要把书研究得透彻，反复看，每天读一遍，日复一日，就会成为自己独一无二的东西。工作也一样，要有自己看家的一技之长，当你被选择的时候，就会成为别人无可替代的那个人。

美在气场，不在皮相

晚上和朋友在街头遇见了一个坐在长椅上的流浪汉，右手拿着面包，左手喝着矿泉水，一身脏兮兮的衣服，蓬头垢面，每个路人看到他都绕着走。当然，也有好心人给他放了纸币。

我看到朋友的眼神里，都是讥讽和嘲笑："好好的一个人为什么不去找个工作？难道就没有家人和朋友吗？作为一个男人，真是一点担当和责任感都没有。"我同意他的看法，对这个人的行为很不理解。吃完晚饭按原路返回，走到十字路口，我们听到优美的钢琴旋律传来，看到一堆人围在一起便凑上前去，弹奏钢琴的竟然是那个我们路过时看到的流浪汉。

我和朋友在那里站了很长一段时间，沉浸在扣人心弦的旋律当中，感觉到流浪汉身上的每一个细胞，每一处神经都随着节奏跳跃、张扬。懂音乐，会弹乐器的人本身就有一种魅力。

回去的路上，我俩一直在讨论："流浪汉这么有才，为什么不去工作，他为什么把自己弄的一副邋遢的样子？"但是谁也不知道真相，我们只是一个路人，从未走进过他的生活。唯一可以肯定的是，他的音乐里一定有不与人说的故事，有未曾与人分享的过往。

我第一次觉得，欣赏一个人一定是由内及外的。虽然他的外表像是乞丐，但是骨子里却是美到极致的。当我们第二次去的时候，他已经不在那个地方了，我们很想坐在街头听他弹奏钢琴曲，看他沉醉的表情和在黑白键上飞舞的灵活的手指。或许某个路边的街头我们还会相遇，但是不知道会是在哪一天了。

很多时候，一个人的气场和相貌无关，更多的是来自他的经历和自信。

大学朋友比较多，聚餐是常有的事情。经常聚餐、一起活动的好处就是能遇到很多新的朋友。偶然的一次机会，朋友带我去参加了一场饭局，说是还有周边学校的同学，让我去凑个热闹。大学的我是那种比较喜欢热闹的人，只要有人说一块儿转一转，玩一玩，即使生病也能立马变得活蹦乱跳的，所以很爽快地答应了。

那天吃完晚饭都已经晚上九点多了，回去的路上我跟朋友说：“今天这顿饭我吃得太尴尬了。”他问为什么，我说：“整顿饭下来，我基本上没说几句话，在他们面前，我都不好意思张口说话。”

事情是这样的。那天晚上吃饭，我和朋友去得比较早，很早就坐在餐桌旁等着大家到齐一块儿点菜，小胖是最后一个去的。他推开门进入的时候，并没有引起大家的注意。他个子很矮，皮肤略黑，黑色的眼镜框跟老花镜一样，肉嘟嘟的脸上不仔细看都找不到眼睛。正好我旁边有个位置，距离门口比较近，他直接走过来坐在我旁边，对我说了一句：“同学，你好，我可以坐在这里吗？”

他一开口，我就震惊了——“我的天，他的声音怎么这么好听？像是专门受过训练的播音员一样，沉稳有力，字正腔圆，有点类似于赵忠祥那种音色。”顿时整个屋子的目光都投向了小胖的身上，因为他的声音很大，自带音响属性。这是他给我留下的第一印象，声音满分。

吃饭的时候他给大家讲起了自己的故事，短短的几分钟时间，让大家重新认识了这个第一眼看起来不怎么起眼的黑小胖。当他站起来刚要说话的时候，有的人还在玩手机，后来所有人都在安静地听他说话。说话声音好听、很有底气，加上眼神里的自信，使他看上去都很有气场。后来，他讲完自己经历的时候，就更加让在场的每一个同学佩服了。

他在美国留学时，拿到了夏季调研奖学金的最高数额；前两天刚刚从东南亚做完科研项目回来，正在自己创业成立公司；采访过很多商界的大咖和领袖人物；为了调研市场，曾经一个人坐着飞机跑到非洲，写了一大堆调研材料等等。对当时还在上大学的我来说，听他说自己这些经历的时候，钦佩之情难以言表。吃完饭离开前，很多女生都跑去要了他的联系方式，朋友还开玩笑地说这让他很没面子，毕竟以前他才是女生追着要联系方式的那个人。

小胖的事情让我真的明白：才能与长相无关，气场能撑起一个人的颜值。

气场是什么？我想说，气场就是无论走到哪里，眼神里都透露出来的自信，不是盲目和刻意，而是生活和经历的沉淀；是与皮相无关，用才能撑起的魅力。我也特别佩服在紧要关头总能靠着机智的临场反应成功解决问题的人，因为这才是真正成熟的人。

嘴硬的人，把想说的话设置了静音

小安是那种从来不主动跟你说话，但是只要你一张开口，他就会打开话匣子能跟你唠上半天的人。他不是不喜欢和别人说话，只是人越长大越不知道怎么去表达。很多人小时候，当妈妈给买了一个新玩具，他就会搂着妈妈的脖子、亲着她的脸颊说：“妈妈，我爱你。”这对于小安来说，是不存在的。

小安在他十五岁的时候就被爸妈送到了国外留学，寄宿在美国当地一个家庭。每当他给妈妈打电话，妈妈就会对爸爸说：“儿子给你打电话了，你也不说两句？”爸爸接过电话，可聊天却总是被他仅有的一句“好好照顾自己，缺钱了打电话”终结了。剩下小安在电话这一头，听着挂掉的“嘟嘟嘟”的声音，然后一个人默默地流泪说：“我不缺钱，我只是想和你聊聊天。”只是这句话，他在远洋彼岸重复说了那么多次，却一次也没有当着爸妈的面说出来。

从小到大，他和爸爸的沟通少之又少。每次回国，爸爸开车去机场接他，都会急忙接过小安的行李，然后整个回家的路上将近一个小时的车程，父子俩基本不怎么说话，要么爸爸打电话谈生意的事情，要么就是小安拿着平板电脑看视频。小安知道，爸爸是爱他的。妈妈说在他4岁的时候，有一次深夜，小安醒了哭着闹着要吃冰激凌，怎么哄也哄不好。爸爸二话不说，立马穿上衣服准备下楼，妈妈说小孩子哄哄就好了，可爸爸连妈妈的话也没回就直接开着车去城东的24小时便利店买了好几种口味的冰激凌回来。

这份沉甸甸的爱像是被两个人设置了静音，想说的话说不出，想听的人听不到。

20岁的时候，父亲节那天，小安坐着飞机从美国回来，到家的第一句话就是：“爸爸，我会喝酒了。”

在小安小的时候，爸爸怕对小安身体不好硬是把几十年的烟瘾戒了，只是喜欢喝点小酒这个习惯一直没有放下。小安知道爸爸喜欢喝酒，想和他坐在一起聊聊天，从深夜聊到清晨，恨不得把二十年没有和他说过的话，一夜之间都通通说了。所以，他在美国的时候，自己偷偷地去超市买酒喝，练习喝酒，好几次都是被朋友背了回去，迷迷糊糊地还在自言自语：“我……还……还能喝……我要回去陪我爸喝酒，喝酒……”

至于为什么小安会选择在六月的第三个星期日回来，为什么到家的第一句话就是“爸，我会喝酒了”，爸妈应该不太清楚个中原因，要不然就不会批评小安说：“小孩子喝什么酒，对身体多不好。”

其实，小安对爸爸是有抱怨的，从小到大，他埋怨爸爸没有抱过他，没有送过他去上学，没有主动给身在异国他乡的他打过一次电话，没有给他过过一次生日，没有在他无助、失落、快要崩溃的时刻陪在他身边说：“放心儿子，有爸在。”小安也想过，他应该主动给爸爸打电话问问他最近身体好不好，但是，每当电话快要拨通的时候，他都气冲冲地把电话挂掉，然后甩下一句：“为什么当爸的不给儿子打电话，还要儿子给他打。”

小安就是这么嘴硬的人，他想要和爸爸说说心里话，却从不主动开口。他抱怨爸爸不疼他，赌气到砸玻璃、摔椅子，爸爸问他为什么生气。他却打死不说，可心里还总是期待着爸爸能发现他的心思。每当小安发脾气的时候，爸爸总是沉默地坐在客厅的角落里，甚至一宿不睡。后来，听妈妈说，每当那个时候，爸爸都很自责。他想靠近去安慰儿子，却又不知道怎么开口说第一句话。

小安的性格，应该是随了爸爸。

如今，父子二人的相处方式还是像以前一样。二十几年都这么过来了，也不可能说改就改，也许这就是父子之间众多相处方式的一种吧。

但是小安知道，他爱老爸，而且老爸心里有他，这就够了。

生活当中有很多这样的时候，我们心里的话堆了一堆，却宁可烂在肚子里也不肯讲出来，哪怕一个字。遇到喜欢的人，在脑海中预想过一千个相遇的瞬间，想说的话像背台词一样练了一遍又一遍，却不敢当面上前说一句话；别人热情地打招呼，我们却装作很高冷，生怕让人觉得自己有多么想要上前靠近；经常一个人戴着耳机，装作对周围的一切都听不到。

小安就是这样的人，大概是因为十年的国外留学生活没有爸妈在身边，所以总喜欢独来独往，习惯一个人的日子。

在国外留学的十年，小安除了几个玩得非常好的哥们儿之外，社交圈很少有新的朋友。兄弟们总结出一条经验，想要走进小安的生活，硬闯是闯不进去的，至少得需要三年的时间才能把他的性格、脾气看懂。

有一次，朋友晚上接到小安的电话，接通电话，里面停顿了几秒，听到小安说："上周，我……"接下来的一分钟，电话两头谁也没说一句话。朋友有点失望地长叹一口气，像是盼望惊喜的过程中一下子一落千丈。

最后，朋友先开口说："有事说啊，最烦你这种话说一半的人，剩下的难道让我猜吗？"

小安开口道："没事，上周我想约你打篮球，但你有事，这周有空没？"

朋友说："你想说的是这个？"

小安说："嗯，不然呢？"

朋友又说："好，周末有时间，一起打篮球。"

小安又靠着机智的临场发挥，"躲"过了跟朋友道歉的机会。朋友知道，小安是想跟他说对不起的，上周在一块儿聊天时，朋友无意中提起了小安的前女友，而那段跟相恋有关的所有话题都算是小安的雷区。小安没控制住自己的情绪，瞬间暴跳如雷，当着朋友的面把身边能砸、能踹的东西都破坏了。其实，从小安拨通电话的那一刻，朋友就已经原谅了他。他对小安的性格再熟悉不过，他知道小安很自责，但是"对不起"这三个字是打死都不会从他的嘴里说出来的。他知道，上周小安对他发完脾气以后，一定又偷偷跑去喝酒了，毕竟是快十年的朋友了，怎么会不懂彼此。只是，能有几个人懂你的欲言又止，又能帮你圆场的好朋友呢？

小安，太幸运了。

那些独处难熬的日子，才最有安全感

早上六点钟起床，刷个牙洗把脸，换上运动装，戴上耳机，开始校园的晨跑。坚持半个月后，我能明显看到自己的精神面貌发生了改变，每一天都很有活力。渐渐地，我爱上了这种感觉：天朗气清，晨光鸟语，迎着太阳升起的方向，戴上耳机跟着节奏向前跑，浑身有使不完的力量。

之所以决定坚持早起，是在简书上看到过一篇文章，讲一个人在坚持早上五点半起床一年后发生的蜕变，其中有一句话我很喜欢：“为自己喜欢的事情，早起一个小时。”那段时间，早上六点半的时候，我的微信步数就已经快上万了。每当有同学问我，你都去做什么了？我说："去跑步啊。"有人会说："这么早去跑步，怕是脑子坏了吧？"我不想跟他过多解释，随便编了个理由："最近心情不大好，睡不着，醒了我不知道干什么。"他竟然信了。

我在想，他既然能看到我早起的微信步数，说明那个时间他是醒了的，不过应该没有起来，而是一直在刷手机。我喜欢卢思浩的《你要去相信，没有到不了的明天》这本书。其中有一句话是这么说的："很多事情就像是旅行一样，当你决定要出发的时候，最困难的那部分其实已经完成了。"

后来，我一直在坚持早起去操场跑几圈，再围着校园的小路跑几圈，路上会经常遇到那么几个坚持晨跑的同学。

朋友说："你这也太励志了吧。"我说："千万别这么说我，这称不上励志，有人在四点半的时候，就已经开始一天的努力了。"我最怕别人夸我说我很努力，因为我知道在大部分人面前，我的努力还不值一提。如果你每天都和优秀的人一起生活，自然而然就知道什么叫你争我赶，会发现时间怎么用都不够用了。

有一段时间，我坚持一个人吃饭，一个人去图书馆，一个人早起跑步，一个人熬夜学习；有时候一个人忙到每天十几个小时都在工作，看个电影就当作是放松休息了。那段时间，感觉自己快把整个世界遗忘了，也快被世界遗忘了。朋友问起来，我那段时间去干什么的时候，我说自己开始努力尝试一个人去生活了，而且渐渐地喜欢上了这种独处的生活，它让我觉得充实又自在。

以前上大学的时候，每天总喜欢叫上四五个朋友一起吃饭，总觉得热热闹闹的生活总比一个人要好得多，所以整个大学四年下来，没有真正留给自己太多空白的时间去思考自己的将来，没有给自己一个独处的空间去重新认识自己和反省自己。我现在越来越觉得，到了二十四五岁的年纪，自己一个人能解决很多事情的时候，就意味着可以独当一面，真正的保护自己，保护家人，保护心爱的人。

或许只有自己知道，这个过程有多难熬，好几次都快要坚持不下去。有的时候一天到晚只想躺在床上睡觉，什么也不想做，觉得梦想永远遥不可及，自暴自弃到什么也不想管。消沉、颓废了一段时间以后，我硬是逼着自己清醒过来。生活就是这样，是一个不断陷入困境，又不断自我救赎的过程。

曾有一部15分钟的微电影《星空日记》，是北京大学的师生联合拍摄的，讲的是一个穷人家的学生考上了北大经济学院，不甘心放弃对天文学的喜爱，在生活的压力和别人的嘲笑下，辅修天文学，实现了“摘星星”的梦想。这个电影，我看了几十遍，在那些难熬的时刻，会从中找到坚持下去的勇气。

在我赶着交稿子的时候，白天还要上课，为了能及时交稿，晚上熬到深夜一两点钟，累了就躺在床上写稿子，这样既能使疲惫的身体稍微缓解，又不耽误写稿的进度。天天如此，每写完一篇文章，休息一个小时就继续赶着写下一篇文章，明显地感觉自己的身体有点吃不消。但是，每当结束一天躺在床上的时候，我都会有一种成就感。那些日子，想要睡到天亮或者自然醒，是不可能的，连睡个好觉都成了一件很奢侈的事情。就是那段时间，突然觉得自己能承受的重量变大了。体力和脑力的极限，承受压力时的心态，都是前所未有的高。

前段时间，我跟一位朋友开玩笑说：“看你也老大不小了，给你介绍个女朋友吧，成了以后请我吃顿饭就成，要求不高。”他一副毫不在意的表情，拍着我的肩膀：“兄弟，现在对我来说，培养能力比谈恋爱重要。”他比我大两岁，我在想，对我而言又何尝不是呢?

我每天早上去跑步的时候，都会看到那个朋友匆匆忙忙地从宿舍出去，跟他打个招呼似乎成了每个早上的惯例。后来知道他每天都很忙，上雅思课、健身、搞科研项目，还做兼职工作，他所做的一切都是为了让自己变得更好，更优秀。每次我在校园里见到他的时候，都是他一个人，行色匆匆。

我一直很喜欢林夕的词，在他给杨千嬅写的歌曲《再见二丁目》里有一句："原来你非不快乐，只我一人未发觉。"我更想把这句歌词的"你"和"我"看成是一个人的内心独白。在那些难熬、孤独、寂寞的日子里，希望你能早一些发觉，其实，你也是一个快乐的人。

又不是演员，别给自己加戏

身边总有一些人，他们的演技比演员还要“精湛”。明明自己一无是处，却要装作见过大世面；明明自己很普通，却把自己当作天之骄子；明明没有王子的命，却硬是做一些只有王子公主才会做的事给别人看；明明只是一点鸡毛蒜皮的小事，却矫情到要通知身边的每一个人……你自己的内心是什么样子，生活中表现出来什么样子就够了。总是给自己加戏，又没有那么多观众捧场，无非只是一个人的自导自演、自娱自乐罢了。

最近有一次这样的体验，发生在一个从小认识的同学身上。他天生自信，生长在优越的环境中，那种骨子里的自信别人怎么学都学不来。他说话、办事也很大气，唯独有一点，使得他有一种很典型的矫情病，可能是从小养尊处优加上父母的溺爱。前几天，看他在朋友圈里发动态，正在医院里打点滴。配的图片一看就是加了美颜滤镜，不知道调了多少次角度，删了多少张备选照片才选了这么一张让他满意的。我之所以一看就知道，是因为他以前经常这么做。他给图片配的文字是："生病输液好几天，竟然都没有人关心我，好可怜。"后面还配有一张可怜的表情包。

我很明白他这样做的目的，无非是想引起大家的注意，获得大家的关心。我没有点赞也没有评论，装作没有看到。过了一个小时，收到了他的微信消息："忘恩负义，就不知道关心慰问一下生病的兄弟，以后别理我了。"等我给他回消息的时候，收到的是一个红色的感叹号，他把我删除了。这已经是第十几次了，和往常一样，他之后会发短信道歉，然后没过几分钟又把我加回来。他就是这样一个男生，生起气来比女生还可怕。想想身边有一个这样性格的朋友，真是让人哭笑不得。

等他再问及此事时，我装作不知道的样子，说："我没看到你发的动态，真不是不关心你。"他反怼过来："拉倒吧，我还能不知道你，刚刚还给别人点赞了，别以为我不知道！"我一看露馅儿了，正想着编下一个理由，他的视频电话就打过来了。刚一接通，他就开始在视频里滔滔不绝地指责我，整整半个小时才停下来。后来我才发现，他给另外一个朋友也打了电话，内容大致一样。

我们几个朋友知道他从小就是这样的性格，也就没再说什么。后来，有一天他开始挨个给我们打电话询问我们："我怎么感觉我女朋友事儿特别多，总是喜欢给自己加戏，我该怎么办？"

我心想，这不是说的他自己吗？看来这家伙终于遇到克星了。

事情缘起于他最近谈的第八任女朋友，前几任都是嫌他作为一个男生，事儿太多而分手的，眼下这个女朋友谈了有一段时间，两个人说话比较合得来。只是他越来越觉得，女朋友简直比他事儿还多。每次出去吃饭，他女朋友都会事先选好几种菜的图片让他选择，微辣的、麻辣的，淡口的、重口的，每个口味都要分析一遍。由此引出一系列附加问题，把他问的晕头转向："会不会是因为吃辣，导致最近开始长痘？太咸的话一定是放了很多盐，盐里面的成分会不会对女生护肤不太好？可是听说每人每天都要摄入定量盐分，太淡了也不好，你说我到底是让他多放点盐还是少放点盐呢？"结果整个中午，他连饭也没吃成。

最让他头疼的是女朋友生气的时候，那天足足给她打了一晚上的电话。电话里，女朋友从他五个小时没有理她说起，到早上起床忘记跟她说早安，再到前几天看到他和同班的女生吃饭，再谈起一个月前，两人一块儿买衣服的时候，我朋友随便说了一句“都可以”，结果惹她生气的事情。她说：“都可以？你怎么这么敷衍，就不能帮我出出主意嘛，要是以后结婚了你还是这么敷衍，我们的生活还有什么意思？”

结婚？他听到这两个字吓得一身冷汗。

我们都开始嘲笑他：“想不到你也有今天。”

喜欢给自己加戏的人总是会抛出一连串脑洞大开的问题，有时候也挺羡慕他们竟然有如此发散性的思维。但是，人生如果总是这样，一定会很无聊。

身边类似的人很多，有一次，晚上我和同学坐在操场上聊天，有个男生在一旁坐着玩手机，看到我俩后，凑过来说想要和我们待一会儿，我们同意了。没想到接下来的聊天竟变成了他的专场，作为同学，我们也没好意思打断他。他絮絮叨叨地说自己在我们学校读研究生，本来他的第一志愿是北京的一所名校，结果，最后调剂到了这里。因为心有不甘，他开始当着我们的面抱怨：“你们学校跟我想去的学校比起来真的是太差了，还不如再战一年。这里宿舍环境不好、学习氛围也差，天天待着简直能把我愁死。”听完他的话，我们什么话也没有说，只是默默地看着这个怨天尤人、不知道照镜观己的人把戏演完。

接着，他又开始讲起，自己参加考研初试得了前三名，却在面试时被刷掉的经历，一边说一边摇头叹息，做出一副生不逢时、无人赏识的样子。我们实在看不下去了，就以时间太晚为由打道回府了。

身边遇到过太多强行给自己加戏的人了。一顿饭就能悟出宇宙和人生，一场感冒就觉得自己将不久于人世，别人随便说的一句话就会对号入座到自己身上。在我看来，这不是明智的生活方式。我们应该追求那种最纯粹、最简单、最透明、最本真的生活。希望在任何时候，我们都能看到最真实的自己，而不是演给别人看的自己。

幽默的人，受欢迎程度会直线上升

莎士比亚说：“幽默和风趣是智慧的体现。”

我特别喜欢和幽默的人交朋友。因为和他们在一起，会让人觉得很舒服。比起一坐下来，就用庄重、严肃的语调把一些话跟你讲得头头是道的人，我更喜欢那些幽默风趣，每天都能把自己和大家逗乐的人。即使你言语有失，也不用担心他们会强势回击，他们总会在你意想不到的欢乐氛围当中解决问题。

小A是我认识的最有幽默感的朋友，身为东北男生的他，自带幽默细胞，脑袋就像装了个段子库。

有一次我和小A一起坐公交车去市中心的书店，那天正赶上下大雨，地面湿滑。这种情况下，一般的司机为了乘客的安全着想都会开得比较慢，然而，我们车上的这位女司机不仅开得不慢，而且还在慢慢地加速。小A悄悄地对我说："看这位女司机一脸怒容，肯定是和男朋友吵架了。记住，千万别惹女生！女生生起气来太可怕。"当时我俩在离司机不远的过道上站着，我说："你可小声点，被人家听到了多尴尬。"就在这时也不知道女司机是不是听到了他们谈论声，突然猛踩了一下刹车。小A没抓牢扶手，一下子冲出去，手一把扶在女司机的肩上，同时，整个公交车里充斥着猝不及防的声音。我本以为小A会破口大骂，像他这样粗壮的体形很像做出这种事的人。没想到，他用大到整个公交车上的人都能听到的声音说："天啊，这个司机实在是太厉害了，这旋转漂移的技术简直一流，我之前练了很多次都没掌握这项绝技呢，我能拜你为师吗？"接着，听到的就是整个公交车的笑声。

公交车司机羞愧地说道："不好意思，是我开得太快了，请大家放心，我不会再让大家担惊受怕了。"

一场不快，就这样以快乐的方式解决了。有时候解决问题不一定要用盛气凌人的架势，用暴力解决问题往往是最不明智的。

小A的身上还发生过很多有趣的小插曲，好几次我和朋友都在场为他的幽默所深深折服。小A家离学校很近，元旦的时候他把我们几个朋友叫到他的家里一起跨年。当天下课，我们从学校门口坐地铁过去，当时地铁上人不是很多，我们进去就立马找到了座位坐下。小A同学一只脚迈了进来，刚想迈另外一只脚时，听到列车门即将关闭的警报声，我们以为他会抓紧时间进来，没想到他又退出了门外，两次进出以后，被朋友拽了进来。

我问他："怎么？你想试试这门到底灵不灵活啊？看你心不在焉的，和女朋友闹别扭了？"

他说道："没，刚才那一瞬间，我以为这是地铁超重了呢，我想着我也不重啊。"

他说完这句话，我和朋友们都忍俊不禁地笑了起来。一直到他家里，我们几个人还在拿刚才在地铁的事开他的玩笑。当时我带着头调侃他，还记得他用很"邪恶"的表情看了我一眼。我猜可能在接下来不久的时间里，我就会中他一计。果不其然，晚上吃完饭的时候，他给朋友们准备了啤酒、水果在内的很多好吃的东西。他知道我爱吃西瓜，把其中一个西瓜的一半平均切成了八小块儿拿给我，问我："这些够吃吗？"我说："太多了，今天胃不舒服，少来一点就可以。”于是，他把八块儿西瓜拿到厨房，没过一会儿就端着盘子给我送来了四块儿：“胃不好，少吃点，吃四块儿得了。”当时我正全神贯注地看电视里的比赛，随手拿一块儿吃，一会儿就把四块儿西瓜全部吃完了。

吃完没半个小时，我就感觉肚子不舒服。看到小A和几个朋友在一旁哈哈大笑，朋友说：“你傻啊，他只不过把另外的大半个西瓜给你平均切成了四块儿而已。你吃的四块儿和那八块儿一样多，只不过切法不同。”小A就是这么一个调皮捣蛋，鬼点子比头发还多的男生。我们几个朋友都被他捉弄过。

有了小A这样的朋友，我们的生活总会有一些意想不到的、好玩儿的事情，有时候他的某一句话能让我们笑得前仰后合，一天的烦恼就这么烟消云散了。

幽默是小A的常态，即使他生病，也会无比乐观。

上次他生病住院，我们带着东西去看望他。刚走进病房，他看到我们几个手里拎着一大堆水果和他最喜欢的零食，一下子从病床上跳下来，把我们几个推搡到病房门外，假装责怪道：“兄弟们，你们是打算在这里聚餐吗？弄这么多吃的，怎么不再来点啤酒呢？”

我笑着接过话：“好啊，我去买。”

他赶紧拉住我，说：“算了算了，我错了，赶快进去坐会儿吧。”

那一天，我眼前的小A活蹦乱跳的，像一个没生病的人一样从头到尾乐呵呵的。没想到我们聊了没多大一会儿，小A就下了逐客令：“你们回去吧，我没事，我一会儿还要去隔壁病房看望生病的老奶奶呢。”原来，这家伙在病房的楼道里认识了隔壁病房的老奶奶，觉得她孤独，就主动陪她聊天。他给老奶奶讲了很多搞笑的故事，甚至每次进去的护士都会被小A的话逗得合不拢嘴。于是，那一个星期的时间，他每天都会跑到老奶奶的病房待上一会儿。

后来，我们接小A出院，去和老奶奶道别的时候，老奶奶说：“以后再也没有每天逗我开心的大孙子了。”

小A就是这样，总能把自己的乐观情绪带给周围的人，哪怕是陌生人。这种幽默感不是刻意演给谁看的，没有什么剧情的安排，也不是谁设计好的，它存在于日常生活的每一个细节。

懂得幽默的人，在人群中的受欢迎程度会直线上升。他们可以很容易地营造出一种轻松欢乐的氛围，时不时还会说一些意味深长、引人深思的话。他们有时候嘲笑别人，有时候也会自嘲，但这不是出于恶意的讽刺，而是为了逗大家开心。所以，当你身边有这样幽默的朋友时，一定要珍惜他们。

第三章
总有人偷偷喜欢你

不要刚给恋爱下了订单，就给出差评

清晨，左先生和他的女朋友在楼下的公园散步，两个人手牵着手，在阳光下谈笑打闹。谁知没过几分钟，两个人就谁也不搭理谁，女朋友甩手走人，剩下左先生一个人在公园里的长椅上坐着。只是这次左先生没有跑着追过去——他已经习惯了变脸比变天还快的女朋友因为各种鸡毛蒜皮的小事而无理取闹：有事不陪她吃饭她会记一个月；晚上少说了一句晚安，第二天一整天不理你；说话总是反着说，一句话、一个词甚至是一个字都有可能成为她不想谈及的敏感区……左先生在想，当时两个人决定在一起的原因，除了女朋友化完妆之后很漂亮，他再也找不到其他的理由。至于女朋友喜欢自己哪一点，他压根就没想过。

左先生在公园坐着的时候，女朋友发来一条短信：我们分手吧。

左先生没有多加挽留同意了。

他如释重负，从两个人认识一个星期以后就决定在一起，两个月之后分手。这场恋爱，两个人太着急下单，最后都给了对方一个差评。

左先生是一个浪漫的天秤座男生，他相信一见钟情，也相信第一眼感觉不合适的人是做不了朋友。然而，所谓的一见钟情不过是荷尔蒙的冲动罢了。爱，是两个人说好了在一起就决定一辈子，是沈从文的那句“我想牵着你的手，走过这座桥，桥上是绿叶红花，桥下是流水人家，桥的那头是青丝，桥的这头是白发。”

只是，左先生谈了六次恋爱，失败了六次，依旧没有明白这个道理。直到他的第七个女朋友出现，他用了整整一年的时间才醒悟过来。

左先生和艺兮小姐是双方父母张罗朋友作为中间人介绍认识的。

他们第一次见面的地点约在了附近的星巴克。父母提前告知左先生说艺兮小姐喜欢卡布奇诺，左先生先到后点了两杯，坐在那里等着艺兮小姐。艺兮小姐准时到来，一分钟也没有迟。因为是夏天，艺兮小姐穿了一袭白色露肩长款裙，梳着马尾，戴着眼镜，看起来知性而时尚。她并不像左先生之前的那几个女朋友那样浓妆艳抹，虽素面朝天却独有魅力。

左先生以前追女生一向是主动大胆，这次却有些拘谨，说话都变得前言不搭后语。或许是艺兮小姐和他以前的女朋友真的不一样。总之，他对艺兮小姐的好感度要远远超过他所有的前女友。那天他们聊了很多，聊起艺兮小姐的国外生活，聊起左先生的兴趣和爱好，聊起两个人的爱情观，聊起双方父母是怎么巧妙“欺骗”他们，并成功安排这场相亲的，然后，两个人后知后觉地哈哈大笑。

左先生对艺兮小姐说：“我们在一起吧。”

艺兮小姐问道：“你喜欢我吗？”

左先生：“喜欢。”

艺兮小姐：“我也喜欢你。但是我更希望一年之后你再对我说这句话，那个时候我一定会答应你。”

喜欢上一个人或许只要几秒的时间，但是爱上一个人却需要很长一段时间。艺兮小姐虽然没有谈过几场恋爱，在久经沙场的左先生面前不过是小兵小将，但是在某些想法上，她还是比左先生要成熟一些。这次，左先生并没有给这场爱情着急下订单，同意相处一年后，再决定是否和艺兮小姐在一起。

他们心里都明白，没有哪种爱情是见了一面就能保证永不分离的。

第一个月的时候，左先生表现得比较主动，因为他决定这次要认真且用心地去爱艺兮小姐。他从来没有这么强烈地想去了解一个人——她的故事、她的心情、她的爱好、她生气时发脾气的样子，她习惯用什么姿势坐在沙发上，喜欢什么美食，爱看谁的电影。总之，左先生这次和以往相比谨慎了很多。

有人说，和喜欢的人在一起的时候，一场为期至少半个月的二人旅行是十分必要的。这场旅行可以让两个人更加了解对方，通过朝夕相处，会发现彼此的性格秉性，也会发现对方的优点和缺点。如果我能接受你有的缺点，而你也刚好能适应我的小毛病，两个人能把彼此性格的不对称当作是生活中的小美好，那么，即使到老，生活都会充满恋爱刚开始的味道。

这次去新加坡旅行的决定，是在认识6个月时左先生先提出来的，艺兮小姐听后十分赞成。

左先生平时比较懒，以前出去玩儿都是老妈把衣服和洗护用品准备好放到行李箱里，他直接拎走就可以。这次他想着和女朋友第一次出门，可不能让女朋友嘲笑他连衣服都叠不整齐。于是，他提前练习，把行李箱收拾了一遍又一遍。他把整齐摆放好的物品图片发给了艺兮小姐，可没想到左先生的老妈早就把左先生笨手笨脚，在那里练习整理衣物的视频发给了艺兮小姐，可能是想让未来的儿媳妇看看左先生有多用心。艺兮小姐发了一个偷笑的表情，说："我喜欢的是最真实的你，既然你不会收拾东西，那就我来弄啊，放心，我不会笑你的。"左先生第一次觉得在女朋友面前不用装作自己什么都会做，什么都能干。后来，艺兮小姐订购机票、收拾行李、做旅游攻略，把这趟旅行安排得妥妥当当。

在这次旅行中，左先生都十分照顾艺兮小姐。背着艺兮小姐走过很长很长的路；给她点她最喜欢吃的菜，还专门用小本记下来什么食品不放辣，哪些菜品少放盐。两个人租住的是海边公寓，每天左先生都会早起为艺兮小姐倒一杯温开水，把牙刷、毛巾给她准备好，还提前准备好两个人的营养早餐。

在新加坡旅行的最后几天，艺兮小姐突然变得很沉默，明显是心里有事的样子。左先生反复地问了她几次，她一直什么都不说，左先生属于性子急了就控制不住情绪的那种人，就对艺兮小姐吼了几句。艺兮小姐很委屈，一气之下拎起行李箱就要回国。左先生一下子抓住艺兮小姐的手，从背后紧紧地抱住她，说："你不说，我怎么知道你发生了什么。"

艺兮小姐回头转过身，脸靠在左先生的怀里："我只是想多陪陪你。”

原来前一天晚上，艺兮小姐接到消息，公司需要她提前回国，不能推辞或者请假。但是，当她看到兴致正起的左先生和剩下几天的出行安排时，又不忍心独自离开，撇下他。正当她决定冒着被辞职的危险回绝公司，并把这个决定告诉左先生的时候，没想到左先生先发了火，所以她才很生气。

那天晚上，两人聊了很久。最后，他们约定：以后无论发生了什么，都要把想说的话说出来，有事两个人一起承担。

回国以后，艺兮小姐正式答应了左先生的表白，在一起了。

有时候，喜欢已满，只差一语道破

林忆莲有首歌叫《词不达意》，里面有几句歌词是这样写的："我们就像隔着一层玻璃，看得见却触不及，虽然我离你几毫米，你不会知道我有多着急，我也想能与你搭起桥梁，建立默契，却词不达意。在你的盲点里寸步不移。"

这首歌好像专门是为林星先生写的，歌词也是他最想对木紫小姐说的话。他已经不知道听了多少遍，吃饭听，睡前听，路上听，却对木紫小姐只字未提。

林星先生与木紫小姐是同所大学的学生，但说来也很荒唐，他们单单认识彼此就用了很长时间，算是最熟悉的陌生人。

像林星先生这样性格的男生应该很少，换成其他男生，早就主动追求喜欢的女生了。他像极了《花千骨》里的白子画，明明喜欢一个人却打死不说，装傻充愣。木紫小姐也一样，从她见到林星先生的第一眼，就已经“沦陷”了。他们两个就这样一直僵持着，甚至连“你叫什么名字”都没有问出口。

林星先生喜欢健身，练出的八块腹肌总会让健身房里的姑娘们忍不住偷偷地瞄上一两眼。木紫小姐每天都会去瑜伽房做瑜伽，或者在跑步机上做有氧运动。他们两个就是在健身房里初次相遇的。

林星先生一周五天去健身房，两天休息，木紫小姐则是每天都去。起初，木紫小姐都是上午去健身房，当她摸清林星先生来健身房的规律以后，便也改到每天下午去健身房了，为的就是能跟林星先生相见。她曾经在脑海中设计过很多种和林星先生打招呼的方式，可每次都欲言又止，生怕自己的心思被看穿。林星先生更不用说，腼腆的他是不会主动说喜欢一个女生的。

他们用很长的一段时间想着故事开始的方式，可是真当两个人快要有交集的时候又擦身而过。

图书馆和食堂之间有一条林间小路，路很窄，刚好够两个人并肩行走的宽度。那天中午，林星先生从图书馆去食堂吃午饭，从小路经过，正好赶上木紫小姐从对面走过来，大概二十几米的距离。林星先生一直盯着走过来的木紫小姐，心里想："这下逃不掉了，至少得打个招呼吧。"木紫小姐惊慌地抬头看了一眼林星先生，又急忙地把头低下去了。就这样，两个人擦肩而过，谁也没有开口说一句话。

这样的场景不知道已经发生过多少次了。

林星先生最喜欢在图书馆楼下的咖啡屋看书，每次都是坐在向阳靠窗的位置。木紫小姐每次去图书馆都会从咖啡屋的窗前经过，偷偷地看一眼林星先生。林星先生可能永远都不会知道，这个默默喜欢他很长时间的姑娘，为了他每天都会跑去图书馆。

可是后来大概一个星期，木紫小姐都没有见过林星先生。她开始有点着急，后来的一个月、两个月、三个月、半年的时间她都没有在校园里见过林星先生了。这让她充满的遗憾，感觉如果再也见不到林星先生，那么她想对他说的话就再也没有机会说出来了。

此后，木紫小姐经常去图书馆楼下的咖啡厅，坐在林星先生一直坐的那个靠窗的位置。在这个她曾经想无数次靠近却不敢向前的座位上，她一坐就是一整天。她望着窗外很多次路过的林荫小路，希望林星先生能够出现。

一天晚上，木紫小姐又在咖啡屋看书，觉得有点累就趴在桌子上小憩片刻。当她懵懵醒来抬头一看，赫然发现眼前竟是林星先生。当时，两个人就坐在同一张桌子的对面，四目相对。木紫小姐还是像以前一样，不好意思地把头低下去，她慌慌张张地收拾着桌子上凌乱的书。“不用，我坐在这里就好了，你不用动。”林星先生知道，如果他再不阻止木紫小姐的话，她又要逃开了。

两个人静静地坐着看书不说话，木紫小姐要么把书抬到和头一样高的位置挡住视线，要么低着头快要把头扎进书堆里。林星先生则是始终保持一个姿势，直到咖啡屋快要关门。

像林星先生那样害羞腼腆的男生真是不多见，一坐下看书，他脑子里就开始预演着两个人同时离开的情形。他在心里一遍一遍地演练要说的话：“我们一块儿走吧，顺路。”结果没等林星先生开口，木紫小姐便说：“这么有缘，一块儿回去吧。”其实，木紫小姐也一样，从她坐在那里抬头看到林星先生的那一刻，就想着要不要把这句话说出口，根本没把心思放在看书上。这一次，她终于鼓足勇气说出来。从此，她不再猜测林星先生是不是也一样喜欢他，也不再一看到林星先生就躲着走，不再怕他看出暗恋的蛛丝马迹。

回去的路上，木紫小姐问为什么这么长时间没有见到林星先生。原来林星先生出去实习半年，所以一直没在学校。

他说：“你也经常来这里看书吗？我以前经常坐在那个靠窗的

地方，累了就看一看外面的风景，心情会变好。”

她说：“嗯。”

他又说：“那我以前怎么没见过你。”

木紫小姐没有再说话。

但她心里想说：“我也经常来这里，不过不是为了看书，而是为了看你啊。”那天晚上，他们并没有直接回到各自的寝室，而是在校园里散步，走了很长一段时间。两个人的故事兜兜转转一大圈，终于算是有了开头。至于他们后来有没有在一起，相处得如何，我便无从知晓了。

喜欢一个人最怕躲躲闪闪，甚至打招呼的勇气都没有。我怕你不理我，怕你礼貌性地说完你好以后就再也不说话。但我更害怕，没有开始，就已经结束。

在城市里，爱情没有一线和三线之分

在中国古代神话或者民间故事里存在一个很普遍的现象，就是很多男女爱情当中主人公社会地位的设定都是女高男低，比如董永和七仙女、薛平贵和王宝钏……这样的穷酸书生和富家小姐的组合多到数不过来。很多人会觉得越是这样的剧情越有意思，因为现实生活中做不到的总是很有吸引力。

但是当这样的故事真正出现在生活中的时候，我还是很难相信。

书尹从小生活在农村，小时候基本没有走出过那个小县城。他的童年是在稻田里捉青蛙，捕蝌蚪；是和小伙伴们跳皮筋，打电报，捉迷藏；是放学后书包往旁边一扔就跑去和伙伴们放风筝，看谁的风筝飞得高的生活。在上大学之前，外面的世界对他来说是新奇的而陌生的。

上大学算是他人生的另一个起点，从南方到北方上大学至少要坐两天两夜的火车。在开学报到几天前，他就出发了。家里的田地牲畜都需要人照看，所以父母没有办法去送他。于是，他自己拎着从高一就开始背着，已经缝缝补补了很多次的旧书包，以及一身还没有来得及换洗的衣服，便匆匆忙忙地走了。临行前，妈妈眼里抹着泪对他说："以后离家很远，要好好照顾自己。"

火车站是书尹找了很长时间才找到的，买票、检票、找站台、上火车，他被搞得晕头转向，感觉世上再也没有比坐火车更麻烦的事情。他心里嘀咕着："要是在家，牵上一头牛，赶上牛车，哪里都能去。"

上车后，书尹把行李放到头顶的行李架上，就站在那里一动不动。因为是临时买的车票，所以只剩下站票。哪怕要站两天两夜，书尹还是咬着牙买了。他从中午上火车一直站到天黑，看着眼前有一个空的座位一直没人，他就坐在那里睡着了。

"不好意思，先生，这是我的位置。"一个声音叫醒了他。

书尹抬起头一看，是一个梳着马尾的小姑娘，干干净净，面带微笑。这是他第一次见到这么清秀的姑娘，和他从小玩到大、满身都是泥巴的野丫头发小完全不一样。他慌忙地道歉，一边说“对不起”，一边用衣服擦座位。

小姑娘也忙说：“没事，没事，不用擦。”一两句话后，她开始放行李箱，放好以后，就在靠近车窗的座位上坐下了。书尹则站在一边一动不动。晚上快十点的时候，车厢内的工作人员提醒乘客准备休息。书尹见那位姑娘左看右看，完全没有要睡的打算，就对她说：“你放心睡吧，东西我给你看着。”姑娘说了句“谢谢”，没过一会儿就睡着了。

第二天早上醒来的时候，姑娘睁开眼，看到书尹站在过道上扶着车椅昏昏欲睡，一副快要摔倒的样子就叫醒他，书尹一抬头，姑娘就看到他的黑眼圈。姑娘惊讶地问他：“你一宿没睡？”书尹：“我妈妈说在车上不看好东西，很容易被偷，而且我昨天晚上都答应你了，要好好帮你看着行李，就一直没睡。今天早上实在是困得不行了。”

这是他们的第一次交集，至少在姑娘的心里，他是一个可靠又信守承诺的男生。她想把座位让给书尹坐一会儿，硬是被书尹拒绝了——他怕弄脏了姑娘的东西，怎么也不肯坐下来休息一会儿。姑娘看他站了这么长时间，就去找工作人员给他补了一张硬座票，直到下了火车走到出站口，书尹还坚持把钱塞给这位姑娘，但是她没收。她想留下书尹的手机号，可是书尹连手机都没有。

然而，所谓的缘分就是，命里有你未完待续，暂时告别后总有一天还会相遇。

两人的第二次见面，是在开学第一天的开班会的教室里，书尹刚走进教室就看到火车上那位姑娘坐在第一排中间的座位上。两人相视而笑，没想到两个人竟然是同一个专业、同一个班级。

那天，书尹才知道她的名字叫兰心。

因为从小在农村长大，书尹知道只有读书才可以改变生活状况，当舍友都在打游戏时，他在图书馆看书直到闭馆。他很自卑，经常一个人独来独往。为了赚取生活费，他周末同时兼职好几份家教。他很独立，上了大学基本上没怎么管家里要过钱，自己挣钱买手机、买电脑。

“兰心，你是我最好的朋友。”这是开学一年后两人一起吃饭时，书尹当面对兰心说的。听到这句话的时候，兰心的心里很难过，因为这不是她最想听到的话。她曾经听书尹提起过，他还不太愿意找女朋友。这一年她比谁都了解书尹，她知道他很自卑，担心没办法给女朋友更好的生活，所以一心就想着读书学习。但是，她愿意等。

他们在校园里散步的时候，兰心曾试探过书尹。她抓住书尹的胳膊，对书尹说："尹哥，给你介绍个女朋友吧，是我同学，长得很漂亮，家里还很有钱，她就喜欢你这种男生。"书尹开玩笑说："长得漂亮嘛，那自然是喜欢，但是我出生在农村，门不当，户不对，这有点不现实。别说人家父母不同意，我也不会和有钱人家的姑娘结婚，价值观和思想观念都不一样，怎么能相处到一块儿呢，况且，人家姑娘也未必能看得上我……"兰心把话打住，没让他再继续说。

大学四年，兰心一直以朋友的身份默默地守在书尹身边。

书尹毕业后就要去北京读研究生了。临近毕业的前一天，兰心喝得酩酊大醉，书尹也不知道为什么那天的整个晚上，兰心一直喝酒却什么也不说。当晚，书尹把埋藏在心里四年想对兰心说的话说出来："其实我喜欢你已经很久了。但我不会选择和你在一起，因为太想让你过得幸福，然而，我又没有办法给你好的生活。我更害怕，你一个这么优秀的城里姑娘，怎么会看上我这个土里土气的农村小子呢？"

可惜，他的这些话，喝得烂醉睡着的兰心，一个字也没有听到。

第二天，兰心要离开学校了，书尹拎着她的行李箱，把她送到学校门口。他看到不远处停靠着一辆很高级的私家车，从里面出来的是兰心的父母。兰心的母亲看起来儒雅大方，父亲看起来像是一个久经商场的商人。

“你就是小尹吧？兰心总是提起你，还不让我们见你，怕我们说错了话，以后有时间多来家里坐坐，阿姨给你做好吃的。”兰心的妈妈热情地对书尹说道。

“没错没错，你阿姨做饭很好吃，你想过来了，直接给叔叔打电话，叔叔让司机去接你。”兰心的爸爸也非常热情。

这是书尹第一次见到兰心的父母。他被兰心父母的热情感动了，也完全没想到平时穿得那么朴素的兰心，竟有一个这么优越的家庭。

“这是我给你的信。”说完这句话，兰心跑上车摇上车窗，消失在他的眼前。

书尹拆开信封，里面是这样写的：

你好，我喜欢了整整四年的人：

爱情没有等级差别和门当户对。我等了你四年，为什么你的心还是过不了这关？那次我在操场上试探你，听到你说你永远都不可能和一个有钱人家的女孩子在一起，当时我的心里一点底也没有。

从那天开始，我害怕你知道我所有的情况，我不穿妈妈买给我的几千块的衣服，你喜欢什么样的衣服我就买什么样的衣服，每次他们想来开车看我的时候我也全部拒绝，因为我怕太张扬会被你看到。我努力做到和你过一样的生活，只是不想你有太大的压力。

你放心，爸爸妈妈他们很喜欢你，我给他们看了很多你的照片，他们并没有因为你出生农村就排斥你，是你自己太过在意……

书尹合上书信，看到兰心的车消失在路的尽头，他拿起手机，拨通了她的电话……

每个人的爱情，都应该与众不同

提及热恋中的人，我们的脑海中都会闪现出喝咖啡、看电影、逛街，旅行这样的场景。旅行应该是现在年轻人最喜欢的一种度假方式。厦门的鼓浪屿、浪漫的土耳其……身边的很多人有了男女朋友以后都会选择去这些城市走一走。这也验证了钱钟书说的：“如果你爱一个人，那就带她去旅行，如果旅行后，你们仍旧相爱，那就结婚吧。”

旅行，最容易给彼此留下美好的瞬间，也最容易把彼此的性格看透，所以这句话十分准确。

有天听朋友说，石先生要和他的女朋友去旅行了。朋友说，石先生这次计划的探险之旅：从上海出发，用大约一年的时间走遍中国所有冒险的景点，包括雅鲁藏布大峡谷，充满神秘色彩的楼兰古城和茶马古道等等。

听了朋友的话，我怎么也没法把这些地方跟浪漫有关的字眼联系起来。在我的印象当中，探险是专业探险家才可以完成的事情，他们出于好奇和对新事物的探索欲，会选择去那些危险的和不为人知的地方。我问朋友："热恋当中的这两个人为什么选择去这些危险的地方，而不去一些浪漫又有格调的地方？"

他向我转述了石先生的话："和喜欢的人去世界各地冒险，去未知的地方探索未知的事，比每天在一起守着一亩三分地，过着柴米油盐的生活要有趣多了。我知道多数人都会去一些浪漫的名城，但我希望我们的爱情能与众不同。"

的确，年轻人的恋爱观一定要与时俱进。爱情最幸福的样子不一定是两个人每天卿卿我我、耳鬓厮磨。

认识一个在广州生活的人，他每天的生活既潇洒又自由。有一次微信聊天，他说虽然不知道以后会是什么想法，但是现在他很想一个人生活一辈子。我问他是否是因为在广州生活压力大，他很坦诚地承认了。我说："感觉你现在生活得很开心，不像是有很大的压力。”

他说：“那是因为我已经不会去想这些遥远的事情了。我觉得一个人生活挺好，想看书就看书，想看电影就看电影，想出去吃火锅就叫上一堆朋友，说走就走，生病时自己照顾自己，每月挣的工资自己够花之外还能留点存款，节省一些过不了几年也能买一套房。虽然工资不高，但是我并不觉得自己缺什么，比如女朋友。”

我好奇地问：“打算一辈子不结婚吗？”

他说：“可能30岁，可能35岁，也可能40岁，谁能说得准呢？反正我现在感觉一个人挺好，起初我担心父母没法接受我这么单着，可是当我跟父母说起我自己的想法时，他们并没有责怪我，反而让我按照自己喜欢的方式去生活，不必考虑那么长远，把每一个今天过得开心就好。”

我不太喜欢把人生规划定得像钉在木板上的钉子一样牢固。在成长中，过来人总是给我们灌输所谓的经验：18岁前至少有一个初恋，24岁前一定要找到一个可以结婚的女朋友，最晚30岁成家立业。我总是觉得说这些话的人很可笑，难道在24岁前没有遇到自己喜欢的人，还非得从大街上拉过来一个女生说我们结婚吗？其实，现在很多年轻人的价值观、恋爱观都已经发生了改变。

前段时间，一个朋友带着他的女朋友来找我玩儿，我决定拿出几天的时间带他们好好转一转。第一次见他女朋友是去火车站接他们的时候，我看她长得娇小可爱，就对兄弟说："不错啊，小伙子，这位小妹妹是怎么看上你的？人家长得这么漂亮，你可算是有福气的。"他当时没有太大的反应，只是瞅着我笑了笑。然而等到酒店的时候，她对我说："从男朋友关系来说，我得跟着他一起管你叫哥，但是从实际年龄来说，你得管我叫姐哟，我比他大5岁呢。好啦，你想怎么叫就怎么叫吧，没那么多讲究。"

我缓缓地把目光移到我这位兄弟身上，表示很吃惊。他对我说："是真的，没骗你，还是让她跟着我管你叫哥吧。"

收拾好行李以后我带他俩去吃饭。中途上卫生间回来的时候，我看这两个人在秀恩爱，没好意思打断他俩，就假装在外面接电话。屋子里我这朋友又是剥虾，又是夹菜，他女朋友更是毫不低调，手里就没放下过纸巾，帮我这位兄弟又是擦手，又是擦嘴。他俩直到看到我回来，才收住手。我假装什么也没看到，说："没事，当我不存在就好。"我这兄弟则很耿直地说："这不是怕你受刺激吗？"

从那个女生的眼神里我看得出，她是真的喜欢他，因为眼神很难说谎。那天吃完饭我正准备去结账的时候，看到他女朋友拿起包就往收银台的方向走，我赶紧拦住她说怎么可以让女生结账呢。兄弟看到说没事，让她去结账，这次她请客。后来，他跟我说，每次结账他和女朋友都是AA制。我问他不觉得AA制很见外吗，况且是和自己的女朋友。他说他第一次也是抢着结账，结果她不让。他女朋友说他还在上学，又没有经济独立，手上的钱都是父母辛辛苦苦赚来的，她不想每次都让他一个人花钱。女朋友还说再给她花钱以后就不再一起吃饭。他拧不过女朋友，兄弟只好答应她，以后除了生日和节日，其他的钱都对半分。“但是，等我工作了就不会这样啦。”兄弟在最后开心地说道。

亲爱的姑娘，别让男神的人设把你吓跑了

很多姑娘在自己喜欢的人面前总是无限地放大自己的缺点，理所应当地认为男神应该配女神。其实这只是你的错觉，有可能你的男神也在费尽心思地想着该怎么跟你告白呢。

芃芃是个南方姑娘，和两个闺蜜一起在杭州开了一家休闲咖啡馆。咖啡馆的装修风格很小资：格纹的桌布，静谧的蜡烛罩，悬挂的植物盆栽，柔软的沙发，既浪漫又有情调。咖啡馆里售卖沙拉、甜点、汤品，样式不多，但这些都是客人可以参与制作的。除此之外，咖啡店还有个很有特色的“店规”，客人们进店可以选择把手

机锁在小木盒里，在离开之前如果能坚持不打开，店家就会赠送一个小礼物。这吸引了一大批的女生，因为她们实在没有办法接受在约会的时候男朋友总是看手机。

这个创意是芃芃想出来的，闺蜜小云说奖励她多吃两块儿蛋糕，一旁的闺蜜静儿开玩笑说："天天偷吃店里甜点，再吃更胖了！"芃芃停顿了几秒，看了看自己的小粗腿，气得一口气吞掉了手里的蛋糕，还不忘品了品味道，最后还一本正经地补一句："比上次做得好吃哟！"

芃芃爱笑，擅长做甜点，比较搞怪，总能把身边的人逗笑，所以在这个闺蜜群中很受宠。对客人总像朋友一样热情，总之一切都好，除了长得有点胖。但是，她并不觉得因为胖自己就是丑的，只是不喜欢别人反复提起。她经常扎起马尾露出略圆的脸蛋，穿着短裙或者紧身牛仔裤工作或逛街，并不在乎别人的看法。

但不知道从什么时候开始，闺蜜们发现芃芃总是盯着门口的方向，或者透过玻璃橱窗不停地向外张望。直到有一天一个穿着很时尚的先生走进来，她慌慌张张地跑到柜台后面，激动说："来了，来了，我的男神又来了！"她手忙脚乱之中还不小心打碎了一个咖啡杯。

芃芃煞有介事地说："这是他第23次来店里。"

她还记得这个“时尚先生”第一次来咖啡店的样子：蓝色细条纹的衬衫，白色的袖扣，精致的手表，某品牌最新款的休闲板鞋。时尚先生一进门就选择了靠近窗户的软沙发，下午两点的阳光照在他精致的五官上。芃芃从没有见过这么绅士、儒雅的男生，如果说是长相让她有一见钟情的感觉，那最让她欣赏和心动的就是他认真工作的样子了。那天，他整整在店里坐了一下午，一台苹果笔记本电脑，一沓厚厚的设计图纸，一支铅笔画来画去，看起来很忙。他不知道的是，芃芃看了他一下午。

芃芃的“鬼点子”很多，她以店里搞活动，需要关注公众号的理由，要到了这位时尚先生的微信。从微信名片上，芃芃知道他是一名时尚造型师，多栖时装创意人。给他发微信打招呼时，她紧张到手抖：“你好，我叫芃芃。”没过多久对方回复：“你好，我叫子柏。很喜欢你家的环境，所以经常去。”就这样，他俩算是认识了。她打开子柏的朋友圈，发现他的活动很多，巴黎时装周、公益活动、健身，满满都是正能量。从那时候起，子柏就成了芃芃心中的男神。

慢慢地，芃芃的钱包中，床头边，相册里，到处都是子柏的照片。她会把自己精心设计的甜点拿给子柏吃，知道子柏要来咖啡屋，她还会提前给他预留他喜欢的靠窗的位置。当然，芃芃还会不遗余力地给子柏所有的朋友圈点赞。

直到有一天，子柏和一个姑娘手拉手来到咖啡屋。芃芃看出来两人是情侣关系，那一刻，她的心就像是跌入了谷底。那个姑娘很漂亮，身材很标准，发型时尚，不过看起来很强势，一进门就夺过子柏的手机放进小木盒里，然后抓住子柏的手，开始眨眼卖萌，撒娇说："跟人家聊聊天嘛。"那一晚都是那个姑娘一直在说说笑笑，而子柏很少说话。当他们离开的时候，芃芃把小木盒里的手机还给他们，并按照"店规"给他俩送了小礼物。这个礼物是子柏最喜欢的哆啦A梦，因为她之前看到子柏的电脑桌面，手机壁纸上的图案都是哆啦A梦。这个玩偶她辛辛苦苦缝了好几个晚上，本来打算过几天子柏生日的时候亲自送给他，却没想到以这种方式送了出去。

每到这个时候，按照电影或小说里的剧情一般都是女主人公要么拼命地减肥，要么因为自卑而把喜欢的话咽进了肚子里。但芃芃没有，那天晚上芃芃给子柏发了微信："我知道你有女朋友，我知道我有点胖，但是我还是很喜欢你。"

很多姑娘都缺少一种勇气，在喜欢的人面前总是不敢把话说出来。你不确定他喜不喜欢你，你不确定他有没有喜欢的人。可是很少有人想过：即使他不喜欢你，就算他有喜欢的人，那又怎么样呢，你喜欢他就要说出来，说不定他也在偷偷喜欢你。

子柏只回复了一句："谢谢。"

但这并没有影响芃芃的生活，芃芃依然每天专心做自己的甜点，像以前一样对每个来客都保持微笑，会开心地和客人聊天，幽默地把大家逗得合不拢嘴；偶尔会在店里给大家弹吉他唱民谣。虽然生活很平淡，但是她每天都很开心。子柏的工作依旧很忙，游走于社会上层的时尚圈，参加各地的时装周、模特展。他们好像两条平行线一样，似乎以后的生活里再也找不到会有交集的地方。

一天晚上，子柏微信上问芃芃为什么送他哆啦A梦。芃芃很吃惊，没想到子柏会主动联系她，可又想到子柏已经是有女朋友的，便解释说："哆啦A梦会永远守护着大雄，希望那个女生像哆啦A梦一样会永远在你的身边。"其实，芃芃才是那个真正想守护在子柏身边的哆啦A梦，只是她没说出口。

子柏偶尔还是会带着他的女朋友去芃芃的店里喝咖啡。他有个习惯，每次喝咖啡，他都喜欢额外点一个小甜品。芃芃知道他喜欢吃甜点，每次都会精心地做给他。无论德式、法式或英式，奶油类、水果类或冰激凌类，她都会在其中加入自己的设计灵感，然后拿给子柏吃。芃芃还专门把为子柏设计的一系列甜点取了一个甜蜜的名字，叫“暗恋甜心”，没想到这些甜品成了店里的招牌和爆款，很多顾客都特别喜欢。

闺蜜在旁边既开心又心疼，忍不住劝芃芃：“平时也没见你这么积极的设计原创蛋糕。”静儿更是提醒道：“人家都已经有女朋友了。”

其实，芃芃并没有感到伤心。更确切地说，她没有打算继续追求子柏，她只是想把自己设计的甜品第一个拿给子柏尝。她说，现在的她比以前更开心，没有追求男神的压力，又可以名正言顺地为喜欢的人做点事情。

那段时间，芃芃没有刻意去躲避子柏，每当子柏来到咖啡屋坐到沙发上，芃芃都会主动过去聊上几句，向他请教怎么把发型梳得好看一些，还不断调侃自己不知道怎么穿衣服才显瘦。偶尔她会向子柏打听时尚圈的情况，调皮地问他能不能要到某某明星的签名照。有一次子柏带着女朋友来的时候，她还当着子柏的面夸他女朋友很漂亮。总之，好像她从来没有喜欢过子柏，也好像子柏从来也不知道她喜欢他这件事情。

可奇怪的是，自从那次当着子柏的面夸他女朋友漂亮以后，芃芃就再也没见过那个姑娘。有一次，店里举办糕点手工DIY比赛活动，子柏过来参加，同时主动要求跟芃芃一组。子柏说，他想学着做一个哆啦A梦图案的圆形甜点，但自己笨手笨脚地怕做不好。于是，芃芃手把手地教他怎么做，那是两个人第一次靠得那么近，芃芃心跳加速，没想到子柏也是羞涩得满脸通红。那天，芃芃还告诉他“暗恋甜心”的设计灵感。

那天，子柏回到家里，一夜没睡。他给芃芃发了一条微信：“其实我和女朋友分手了。我希望哆啦A梦是你，而不是她。”

其实当他第一次走进咖啡屋，从那个胖胖的女生脸上的微笑，到即使知道有女朋友还勇敢表白，再到每天用心做甜点给他吃，不知不觉间，芃芃已经走进他的心里。

如今，他们在一起已经整整三年了，并且马上就要结婚了。芃芃的婚纱都由子柏亲手设计。子柏现在开始为微胖女生设计服装款式，而他大部分的灵感都来自他最爱的人——芃芃。就像芃芃当初设计的每一款甜点都充满了对子柏的爱一样，现在子柏设计的每一件衣服的灵感也都充满了他对芃芃的爱。

子柏身边的朋友时常夸芃芃做的甜品好吃，然而，却很少有人知道她是一名西式甜点的高级技师。我们有时候就是这样，在太过优秀、太过喜欢的人面前，总会自动忘掉自己身上所有的优点。其实对于女生来说，所谓的男神只是你自己定的高目标的人设。事实上，并没有谁规定男神的女友一定是女神，因为如果他喜欢你，也一定会喜欢你的“缺点”。

就像前几天芃芃说想要去健身房减肥，子柏说：“减吧，减完我再把你的体重养回来。”

你还不大，不要做爱情的观众

有些人总是羡慕周围的人为什么能找到那么好的男朋友或者女朋友，与其羡慕，倒不如付出行动。不要把别人的爱情当作足球比赛来看，就算别人踢得再激烈，你喊得再激动，最多你也只是个球迷，又不是你自己上场踢球。还不如亲自上场，万一把球踢进球网呢?

记得有一次去住青年旅社的时候，同一间屋子住着六个人。因为大家年龄差不多，晚上睡觉之前，几个人开始聊起各自家乡的故事，谁知聊着聊着，谈话就开始变成情感访谈节目了。

H先生来自重庆，他说他和女朋友已经相爱很多年，属于典型的青梅竹马，五岁的时候上同一所幼儿园，后来同一所高中、同一所大学。

W先生来自湖南，长得帅，活得精致，他的行李箱里有很多我们没有见过的品牌的物品。他说今天有个女生跟他表白，说已经是今年第十五个。但他还没有女朋友，因为总觉得下一个向他表白的会比这一个好。对于这种男生，我们真是既羡慕又嫉妒，连他说话的语气里都带有很强的优越感和得意感。

G先生最近两天和他女朋友闹别扭，异地恋，女朋友怪他在她最需要照顾的时候不在身边，觉得两个人这样很没有意思，闹着要分手。大家一直说个不停，屋子里只有Z先生很少说话，最后等到大家问他时，他才说："真羡慕你们呀，且不论青梅竹马的、有人主动追求的，即使异地恋也比没有女朋友好。高中时跟人表白给拒绝后，我到现在连个正式的女朋友都没有。"

他今年刚刚20岁，第一次跟女生表白就被拒绝了。他说那个女生当着他的面，把他写了好几千字的情书退还给他，连看都没有看。从那之后，他就再也不敢喜欢任何一个女生，他让自己置身事外，成了别人爱情的观众。

听完Z先生的故事，我们纷纷帮他出谋划策。H先生把他关于守住爱情长达二十几年的经验说了将近一个小时，W先生教了他表白女生降低失败率的十几种技巧，G先生则提前传授给他怎么哄生气的女朋友的方法。

后来，Z先生追到了他的初恋，他发了朋友圈还分别给我们每个人发了消息，说很感谢当时我们的帮助和鼓励。

他说当他回去知道他暗恋的高中女生还没有男朋友时，他一整个晚上没有睡着。第二天早上，Z先生给她发了一条短信：“我喜欢你，我们可以在一起吗？”大概到中午的时候，那个女生给他回了信息：“我们能去同一所大学读书吗？”“能。”Z先生秒回了她的信息。表白后，他才知道，当时是因为学校管得严，再加上父母也不允许谈恋爱，她才不得不拒绝了他。只是当时两个人没有把话说明白，这才闹了很大的误会。

由于分数不同，他俩没能去同一所大学。但是，他们去了同一座城市，不过不管怎样，至少这四年他们是有交集的。

年轻的时候遇到喜欢的人就去追，谁也不知道谁心里藏着什么心思。记住，千万不要原地等待，在旁做爱情的观众。遇到喜欢的人就要尝试着接触对方，因为喜欢一个人，是慢慢地靠近与了解，慢慢地走进对方的心里。

现实中，有些人总是懊悔没有在自己最青春、最该有一场轰轰烈烈的爱情的时候去认真地喜欢一个人；有些人总以为自己已经过了谈恋爱的年纪，总以为自己变成了大叔或者剩女，没有一点喜欢别人的权利，也没有精力和信心再去好好照顾一个人。

R姐是我在一家教育机构认识的，当时我在她那里做暑期兼职。那年她二十八岁，是教育机构的创始人，没有男朋友，每天只知道努力地工作赚钱，早上天还没亮，她就已经坐在办公室里，下班后为了把工作做好，经常熬夜加班。根本没时间去考虑感情的事情，结果她这一忙就忙到了快三十岁。家里人到处忙着给她相亲，介绍各种类型的男生。可她每次都是敷衍了事。对于爱情，她想往后放一放，等一等。

现在她的教育机构做得越来越大，名声也越来越好，但是明显感觉到这个时候的她，生活状态发生了一些改变。以前她总是说一些很励志的话，每次看到她，我都感觉自己应该好好努力去做一个优秀的人。然而，最近这些日子，她很少在微信群里说话，朋友圈里也很少发动态，即使出现一两条，也都类似于“到头来，还不是一个人”这样悲观的话语。

在工作中她发起脾气会让员工们一句话也不敢说，但是私底下她会把大家当作兄弟姐妹一样关心和照顾。大家也看出R姐最近状态不太对，决定把她叫出来喝点酒聊一聊。最后，R姐那天喝了不少，把这段时间所有压在心底的难受与不快通通发泄出来。

她说在她二十岁的时候，和一个男生相处了很长一段时间，可是刚上大学没多久，男朋友就和另一个女生在一起而和她分手了。她见过那个女生，从穿衣打扮上，看起来家里应该很有钱。也就是从那个时候，她开始相信真的有渣男存在。

于是，R姐在她二十到三十岁的年纪里再没有喜欢过一个男生，再没有谈过一次恋爱。她努力把自己变得优秀是希望在爱情里能拥有主动权。她一边喝酒，一边哭着说她很后悔。如果年轻的时候，努力地找一个自己喜欢，同时也喜欢自己的男生该有多好。现在她想恋爱、想结婚却出现这么多问题，因为自己独立性强又有一定经济基础，她都不知道对方是不是真的喜欢自己。而且就算有一个人真的喜欢上自己，她也会因为自己没有把最年轻、最貌美的一面留给对方而感到遗憾。

无论是终于追上爱情脚步的Z先生，还是已经错过爱情十年心有遗憾的R姐，我都希望他们从此不再做爱情里的观众而是勇敢地去爱和生活。

遇到喜欢的人就勇敢说出来，别太在意所谓的客观条件和你自认为是阻碍你们在一起的各种因素。有些爱情可以挽回，但不是所有的爱情都可以重新来过。如果在人生最灿烂的十年里你还没有来得及谈一场轰轰烈烈的恋爱，那么日后恐怕多半会有所遗憾。

对不起，我让你的恋爱体验感这么差

明明那么喜欢对方，可还没有来得及体验什么是恋爱的感觉，两个人就错过了。景涵和一茜的故事，是最让我觉得遗憾的。

那天是圣诞节，两人在校园里沿着路灯一直从东区走到西区的宿舍楼，兜兜转转绕了好几次路，每当快要走到女朋友宿舍楼时，他都会对一茜说：“要不，我们再走一圈吧。”这是景涵第一次牵女朋友的手这么长时间，搞得他的手心都沁出了汗。随着路灯的间隔，地上忽明忽暗。走到亮处的路灯下，景涵总是笑着说没有关系，两个人等这个时期过了就会好起来。可每当走到暗处的时候，一茜都感觉景涵的手攥得越发的紧，好像怕失去她。一茜抱住景涵说：“和你在一起的日子真的很开心。”然后一口气跑到了宿舍六楼——这是她大学期间上楼跑得最累，也是最快的一次。短短六层楼的时间，和景涵相处的所有画面都像电影一样在她的头脑中闪过。

回到寝室后，一茜发消息给景涵：“我们暂时先分开一段时间吧。”

景涵认为一茜是因为要专心备战考研才提出的分手，想了想便同意了。可惜他以为的暂时，没想到却成了永远。

年轻的时候，我们很容易说在一起，也会轻易说出分开。因为学习压力，一茜提出分手，景涵没有加以挽留就果断答应，这成了他长久的遗憾。在考研结束后很长一段时间，他都在问自己：“当时为什么会答应分开？”

是啊，为什么要答应分开，连一点挽留的余地都没有。一茜也说过，如果当时他再多说一句话，她就会把消息撤回，但是两分钟内，除了那句话，景涵再也没有多说一个字。

“和他相处太开心，也太累了。”这是一茜后来曾多次跟朋友们提起过的一句话。

两个人是在实习的时候认识的，景涵是个大大咧咧的男生，而一茜是个和他性格很像的东北女孩，所以两个人很聊得来。实习单位是一所小学、初中、高中一体的私立学校，两个人都被分配到了初中部。每天实习的时候，两个人就一起去教室坐在后排听课，一起在办公室备课看书，一起帮着学校组织活动，休息时一起说说笑笑。一茜很幽默，总能把周围的人逗笑。

两个人在学校实习了半年，在快要结束的前半个月，一茜从晚上十点钟就开始和景涵在微信上聊天，两人从诗词歌赋到人生哲学，大概零点过后，一茜终于没忍住先说了："你就不想对我说点什么吗？"景涵知道一茜的意思，只是他没有想到来得这么快，而且是一茜主动提出来的。他本想等到实习结束当天，再正式和一茜表白的。

所以，关于表白这件事，一茜对景涵是有点失望的。她等了那么长时间，景涵都没有不开口，哪怕等到她先开了口，他也没有立即回应，还是过了一小段时间才回复的。

景涵说，他怕会让一茜失望，因为这是他第一次谈恋爱。如果一个人缺乏勇气，那么也会削弱对方的自信和坚持，但是一茜还是决定要试一试。

就这样，两个人在一起了，当时一起实习的同学们都炸开了锅，因为平时他们两个互相喜欢对方这件事，并没有显露出痕迹，大家也没有察觉出来。不过，大家还是一致觉得两个人在一块儿挺般配的，一个理科生，一个文科生；一个感性，一个理性；都很幽默，爱开玩笑。虽然两个人平时看起来都挺沉稳安静，但是调皮捣蛋起来，只要其中一个带了头，另一个就像发疯一般。但，对于第一次交女朋友的景涵来说，他还需要学很多东西。

两人在一起的第五天，按计划，景涵要和朋友们一块儿去南京和武汉玩，因为这是一个月之前就已经准备好的。去之前，景涵向一茜征求了意见，她说："想去的话就去吧，票都已经定好了。"景涵听后，心里的犹豫一下就消失了。还说了一大堆赞美一茜的话。一茜看到景涵一脸兴奋的样子，甚至比待在自己身边还要激动，便没再说什么。其实，那几天正好赶上一茜身体不太舒服，尽管她想要景涵陪在她身边照顾她，可是她没有告诉景涵，而是瞒着他，好让他安心地去旅行。

景涵没有多想，他觉得女生和男生应该有什么说什么，说什么是什么。可事实上，女生的心思细腻，而且经常会"口是心非"。就这样，一茜在这段恋爱关系里成了委屈、受苦的一方。她自己本身的性格就是个需要人关心照顾的女生，却不得不体谅、宽容对方。她和景涵同年出生，只是稍小两个月，同样是第一次谈恋爱却没有想到自己还要像对小孩子一样，由着对方跑来跑去，好像怎么也抓不住、追不到。景涵确实不太成熟，这段感情来得确实不是时候。

同龄的男生和女生，从心理上来说，女生要比男生成熟懂事得多，可能真的是这样吧，至少在景涵和一茜身上，这句话是正确的。

幸运的是，这段感情中的两个人都遇到了对的人，不幸的是它发生在一个错误的时间里。

一茜说出那句“我们暂时分开一段时间吧”，是真的感觉疲惫了，是真的不想放弃可又不得不放手。

她记得，有一次景涵买了一对刻字的情侣手环，却把一茜名字中的“一”刻成了“依”，当时她什么也没有说，过了很久景涵才发现。她记得，备战考研的那段时间，景涵一开始每天晚上都会给她打视频电话，但后来却一连四五天没有发消息。

她还记得，当她生气一句话也不说的时候，景涵不会发觉她跟往常不一样，甚至什么都没有问。她记得，炎炎夏日，她要到火车站坐火车回家，景涵却用遮阳伞把她送到校园门口，就回去复习了。因为考研时间比较紧，恋爱的半年内，两人一次也没有迈出过校园，甚至连一场电影都没有一起看过。

但她也清楚地记得，自己生病在校医室挂吊瓶的时候，景涵陪了她整整两天，怎么也不肯回去。她知道，他的心里有她。

只是，对于这段感情，她的失望大过于期望。她知道景涵会成为更好的人，成为一个更会照顾别人的男人。但她也知道，那不是现在。

到现在，景涵的相册里还有一茜从五岁到现在的所有照片，他没有删掉，但也不会再去看了。有时候，想起那个初恋女孩，他会在心里对她说："对不起，我让你的恋爱体验感这么差。"

第四章
“敢”，才是年轻人的王牌

有想象力，生活才有更多意外和惊喜

学习中国古代文学批评史的时候，最喜欢看刘勰的《文心雕龙》，原典当中写道：“文之思也，其神远矣。故寂然凝虑，思接千载；悄焉动容，视通万里。”很喜欢这种创作构思的境界，他们的思绪不在咫尺之间，而在千里之外。我也很喜欢李白，喜欢他那首《夜宿山寺》：“危楼高百尺，手可摘星辰。不敢高声语，恐惊天上人。”夜晚闪亮的星辰铺满天际，站在百尺的高楼山寺，仰望星空。如果是我，可能只会也只能感慨一句：真美。而李白却用浪漫的情怀和天马行空的想象力流下了传颂万代的经典之作。

生活当中，很多人就是缺少了让思绪去发现一切超乎常理，却十分有趣的东西的能力。

记忆里印象最深的是，研究生时上的第一堂美学课，徐老师把一个蓝色的保温杯放在讲台上，说道：“我们第一节课先不讲多么深奥的知识，先问大家一个问题。”她指了指讲桌的杯子说：“看到这个杯子，你想到了什么？”从徐老师的眼神里我们明显看出她期待着我们能给出不同的答案。

接着，她让全班22个人轮流说自己的看法。有的人说这个杯子是作者审美情趣的反映，有人说杯子有它的物理属性和化学属性，甚至有人拿西方文艺理论家的理论来分析杯子的结构、色彩方面的设计。我坐在第三排，本来是有足够的时间可以想一想这个问题该怎么回答，但是我的脑子里除了颜色、形体、尺寸这些外在客观的信息，实在想不出别的什么。轮到我的时候，我只能说：“杯子不仅是用来喝水的，它还是一件工艺品。”当时，我也想着往美学这个角度靠一靠，因为毕竟是文艺美学课，但这并不是最让我自己满意的答案。

徐老师说：“同学们的理论性知识掌握得都很扎实。”虽然她是这么说的，但我知道她对我们的答案并不满意。果然，她在后面说道她在给本科生上课的时候也问过同样的问题，有一个男生的答案是：“看到这个杯子，想到它可以用来打人。”

其实，越长大，学习的知识越多，我们反而越不敢去想一些自己认为很荒唐的事情。

我把这个问题问了我一个朋友，他说：杯子可以用来养小金鱼，也可以用来养花，总之有很多用处。我回他一句：“你是怎么想的？杯子是用来喝水的，养花有花盆，养鱼有鱼缸。”

我的这位朋友叫易先生，脑子里满是奇思妙想的神经细胞。在大家眼里，他一直都是一个古怪的，永远都让人摸不清楚他下一秒会做出什么事的人。幼儿园时，他喜欢画画，每次要么给小狗画上猫的尾巴，要么给长颈鹿画上大象的鼻子，然后还要拉着父母或者老师的衣服求表扬；他把太阳画成方形的，他说喜欢方方正正的太阳；他把家里所有的玩具都拆了，奥特曼、汽车都被拆的面目全非，然后他会把这些零件任意的组合，拼出一些连他自己都不知道是什么的东西。有一天晚上，爸妈带着易先生去看星星，易先生问妈妈：“妈妈，星星可以摘下来吗？”

“可以啊，但是你还小，需要用很长很长的梯子才能爬上去。”

“那星星会像太阳一样很烫吗？”

“不会。”

“那就好了，那样就不用戴手套了。”

杰克·凯鲁亚克的《在路上》说："在我的心中，真正的人都是疯疯癫癫的，他们热爱生活，爱聊天，不露锋芒，希望拥有一切，他们从不疲倦，从不讲些平凡的东西，而是像奇妙的黄色罗马烟花筒那样不停地喷发火球、火花，在星空下像蜘蛛那样拖着八条腿，中心点蓝光砰的一声爆裂，人们都发出'啊'的惊叹声。"

我十分喜欢这段话，也羡慕像易先生这样想象力丰富的人。很多人的想象力都是越长大越容易被磨得没有光泽，易先生却不是。和他相处的时间长了，就会发现，他是最能给大家带来快乐，最能给生活制造惊喜和浪漫的人。

我记得上大学的时候，赶上五一放假，室友们都离开了，只剩下易先生一个人在宿舍。那时候南方的天气比较热，酷暑难耐的易先生决定把寝室改造升级，他仅仅用了三天的时间，把不到二十平方米的小屋打造成了一个浪漫的海滩风寝室：墙纸、地板全部换成了沙滩、海洋的图案，感觉一进寝室就凉风袭来，虽然我们都知道这只是一种错觉。经过这次寝室改造的先例后，易先生对这件事情上了瘾，整个大学四年下来，他把宿舍改造成各种场景：电影院、太空舱，甚至是音乐酒吧。每次都是易先生设计和指挥，然后其他三个室友负责施工。这件事传到同学们的耳朵里，没过多久，他们的寝室就成了学校的网红宿舍和整栋男生宿舍楼里争相参观的

“景点”。

易先生或许没有做过什么惊天动地的大事，学习成绩勉强合格，也不太愿意参加各种比赛争着拿第一。但他把一切的精力都放在用心去生活上，他喜欢爬山，喜欢挑战，喜欢做一切新奇独特的事情。

他说他最喜欢听的一首歌就是陈慧琳的《制造浪漫》，歌词中有一句：“平淡之中制造一丝丝浪漫，平凡之中制造一些些惊喜和希望。”我们相信能时刻给生活制造惊喜和浪漫的人，也一定是有创造力的和发散思维的，而且智商也不会低。记得有一次，易先生给我发了一道数学题：“怎么样才能用六根火柴拼出四个三角形？”我拿着笔在草稿纸上画了足足有两页，一直也没有找到答案。他最后才告诉我：“用正四面体。谁也没规定非得在平面当中画啊？”这道题易先生第一次见到的时候，没用多长时间就做出来了。

就像我们觉得杯子只能用来喝水，很多时候我们都给自己设了限，把一些有趣的东西放进了盲区。我不太喜欢自己的生活过得像一潭平静的湖水，每当站在湖边，我总是不自觉地拿起石头砸向湖心，总想听一听那激起涟漪的声音。

期待并努力着让一切美好的事情发生，这样比守着一日三餐、安常习故的日子更有魅力。但是，大部分成年人可能从孩子时代，就已经弄丢了把生活变得有趣的能力。就像《小王子》里面的一句话："所有的大人起初都是孩子，可是他们中间不大有人记得这一点。"想做什么就去做吧，年轻的时候，折腾一点，闹腾一些，生活总能让你喜出望外。

生命中的贵人，让青春的岁月更充实

凌晨四点，小北还没有睡。他站在镜子前，反复地练习即将上台演讲的稿件，从手势、动作到表情、语气，一遍又一遍地练习和纠正，因为这是他第一次参加全国性的大型演讲比赛。

五点，天还没亮，住在隔壁的安教授就过来敲北希的门：“小北，起床了，收拾收拾东西。”北希赶忙开门让安教授进屋坐下，他没有想到安教授起得这么早。

上台之前，安教授就像是小北的爸爸一样，安慰他，叮嘱他，告诉他注意什么。最后，那天的比赛很顺利，小北的演讲深受好评。小北说幸好没有白费这几个月来安老师对他的付出和栽培。那段时间，安老师白天上课，晚上休息时还会抽出时间帮他改稿子。

安老师是学校文学院德高望重的学者，也是最受学生欢迎的老师，他的课节节爆满，连外系的同学都抢着过来蹭课。安老师已年近六十，可他还在坚持上课，他曾经在课堂上对学生们说，他一生最大的乐趣就是站在讲台上给大家讲课，还说以后如果自己讲不动了，就把学生叫到家里，大家一块儿坐在沙发上听他讲汉语和诗词。

小北认识安老师是在一次文学鉴赏的讲座上，那个时候他刚上大一，辅导员通知12级文学院的全体学生参加这场讲座。由于很早之前就对安老师幽默的讲课方式和博古通今的学识有所耳闻，所以小北自然很珍惜这次的机会。吃完午饭，小北很早就跑去会场，占了第一排的位置。整场讲座下来，他一直在认真地做笔记，两个小时就记了厚厚的一沓。一块儿去的舍友开玩笑说：“这比我一个学期记的笔记还要多。”最后的现场提问环节，安老师让坐在前排的小北发言：“这位同学，看你这么认真地做记录，你对这首诗有什么看法吗？”小北站起来，说：“您好，安老师，我是12级中文系的学生。”接下来的十分钟，小北针对席慕蓉的诗歌说了一些自己的看法，安老师满意地频频点头。讲座结束后，小北跑过去，和安老师从会场，一路聊到教学楼。“得体大方、说话不胆怯，有礼貌，有自己的想法，对现代诗歌了解得很全面。”安老师说这是那次讲座时小北留给他的印象。

小北从初中开始就喜欢看一些名家的诗歌，那个时候，他每天都会在本子上摘抄一首诗歌，反复地琢磨和朗读，有时候甚至还自己编一段小曲哼唱，很是享受。到了高一，他开始尝试写一些诗歌，并向一些杂志期刊投稿。起初，他的文笔很幼稚，到了高三的时候才形成一定风格。这时，他已经开始收到很多主编的约稿。

小北对于诗歌创作很有天赋，可是再怎么有才华，若是没有伯乐，也不过是一匹默默无名的千里马，好在小北是一匹能主动寻找伯乐的千里马。小北知道，如果能得到安老师认可，允许自己跟着他学习求教，一定能使自己的水平日益提高。

于是，小北开始了在安教授面前刷“存在感”的计划：每逢安老师的课他必去，就连硕士生、博士生的课他也一节不落。后来，他拿到了师哥师姐的联系方式，而每节课都有一个本科的小学弟插堂，严谨的课堂也会变得活泼热闹一点。当时，小北在院系办公室帮老师做一些打杂的工作，所以基本上天天都能和老师见面。安老师不上课在办公室的时候，小北会过去给他接杯水，也会趁机跟他聊上几句。

小北的计划确实很有用。五一放假，小北和同学在香港旅行时，他收到一条消息，发信人是一个硕士师姐。她说："你在学校吗？明天安老师想把我们叫出去吃个饭，他让我们叫上你。"

小北兴奋地在原地跳了起来，把还在专心摆pose（姿势）拍照的几个朋友搞得一头雾水。冷静下来后，他给师姐回了微信："好的，师姐，我在学校。"

小北没想到安老师会主动叫他，所以把这次"约饭"看得很重。"兄弟们，原谅我，回学校我请你们吃最爱的小龙虾，管够。"他一边"赎罪"，一边改签了第二天回学校的机票。

第二天吃饭的时候，饭桌上一共有十几个人，安老师让小北坐在自己的旁边。饭吃到一半，主题从唠家常开始转变成学术研讨，一堆有共同兴趣爱好的人坐在一块儿，话题怎么聊也聊不完。后来，有一个师姐提议现场每个人轮流做短诗。这可让小北有点措手不及。整场下来，大家都是创作的现代诗，唯独年龄最小、最后出场的小北临时发挥，创作了一首七言绝句，虽说有点小毛病，但对仗、押韵倒也整齐。安老师依旧像小北第一次去听讲座发言结束后那样，频频点头称赞道："不错不错。"欣赏一个人，一定是因为他足够优秀，他有让周围人够不到的"小骄傲"。一个人越有才华、越有能力，就越会有人赏识。小北算是一匹千里马，而安老师就是他的伯乐，他的贵人。

大学四年，安老师可以称得上是手把手地培养小北。他会给小北制订书单，每当小北看完的时候，他都会把小北叫过去，当面听他讲读后的看法和心得；安老师去全国各高校举办讲座的时候，也会带上小北，争取让他认识更多优秀的人。他鼓励小北在本科就尝试着多写论文，然后帮他慢慢指正。研究生的一些活动，安老师也会定期让小北参加，让他跟着师哥师姐学习怎么做学问，怎么搞学术。他会在小北不想看书，偷懒、打盹的时候“骂”醒他；也会在小北交女朋友的时候像家长一样问东问西，最后以过来人的身份给出建议。安老师对待小北就像是自己的孩子一样，并且安老师语言幽默，爱开玩笑，完全不担心他们之间没话说。

就这样，小北把大学四年过得充实，算得上是没有遗憾了。后来，小北考上了全国排名前十的985高校的硕士研究生，而且他还有读博的打算。

集体成年的那批人，人生才刚刚开始

到2018年，90后就集体成年了。

这个话题的热度持续了很久，但早已步入成年人社会的90后的我，对此并没什么特殊的感觉，直到我听到一个校友的故事。年初的时候，毕业后分散到天南海北的几个兄弟聚到一个城市，偶尔聊到这个话题，朋友给我讲了明星先生的故事。

明星先生，是这位朋友的大学校友。之所以叫他明星先生，是因为他在学校里玩音乐、组乐队、建社团，小有名气。在入学不到一年的时间里，明星先生就已经拥有了一大批忠实的粉丝。朋友说明星先生在学校很火：经常会在学校的剧场里举办音乐晚会，场场爆满；学校的官方公众号还会推送文章来介绍明星先生；有些疯狂的外校女生还会跑过来和明星先生一起上课，下课后就把明星先生围堵在门口争着抢着要签名。

明星先生在北京航空航天大学读书，业余爱好是写歌和唱歌。当室友们都在打游戏吃鸡的时候，他一个人在教室里静静地写歌，练歌。日积月累，逐渐地提高了他的创作能力。没过多久，他就开始了他的全国巡演，从天津、北京，到上海，虽然是一些小规模的音乐分享交流会，但是所到之处都能聚起一群年轻朋友。听到这里，我上微博搜索了一下明星先生：粉丝十万，微博认证音乐人，微博置顶的动态是2018年度巡演暨第一届全国大型网友见面会的信息。我从头到尾浏览了他大概半年的微博动态后，对朋友说：“想不到同龄人都已经这么优秀了。”

朋友说：“他十九岁。”

我一听，马上改口说：“不好意思，撤回同龄人这三个字。”

这里，还有另外一个真实的故事。

宋琛，23岁，在广州一所金融学院读书。他在大二的时候成为一名旅行摄影师，虽然他学的不是摄影专业，但是由于自己喜欢，他每周都会去图书馆借阅摄影方面的书籍，最终自学成才。2017

年，他拍摄了两万多张照片，走过几十个城市，现在微信公众号的粉丝已经达到10万。他曾经举办过个人摄影展，现在是中国图库的签约摄影师、简书视觉的优秀作者和马蜂窝攻略号的认证作者。他所拍摄的都是旅行当中的原创性作品，看着他的照片，总会让人有想立马收拾行李出发去旅行的冲动。

今年四月份的时候，他决定开始他的全年旅拍。他换上了比以前更大的行李箱，背起了比以前更重的背包。临行前，他在朋友圈里说："这一次是真的要一个人走很远很远的路，用很长的时间，身上有很多人的期待。"他是我目前微信联系人列表里，唯一一个每条朋友圈动态，我都要看一遍的好友，他的努力，他的优秀，让人觉得有梦想作为支撑的人生真是件幸福的事情。

他曾经一个人带着无人机和相机跑到离学校2000千米外的小乡村去取景拍照，那里信号差到让人以为他失联，生活环境更是糟糕得一塌糊涂，可他都逐一克服了，还因为拍到了满意的照片而开心不已；他在动车上遇到可爱的小妮姐姐一家人，和她们开心地聊了一路；在拍外景的时候认识了正在环游中国的瑞典小姑娘，两个人还互相合影留念；他去住朋友开的客栈时，他吃到当地的特色美食，摄影之余还给大家充当了一次美食主播；他每去一个地方都会拍很多很多照片，一个场景，每个角度都会拍很多张，然后选出最优质、最有特点的发给大家看。旅行当中最怕生病，尤其是一个人旅行。有一次他发烧，一个人在酒店里躺了一整天，吃了药稍微好一些就起来继续修图更文。很多粉丝发私信鼓励他，让他觉得这就是自己最大的动力。

旅行摄影这条路听起来很有趣，因为很多人觉得这样能一边做自己喜欢的事情，一边还能挣钱，很酷。其实这条路也不容易，背地里的苦只有摄影师自己心里知道。但宋琛说不管怎么辛苦怎么难熬，他都会在这条路上义无反顾地坚持下去，就像他说的：“爱上了这种感觉，已经无法再回头。”

作为90后，明星先生和宋琛一样的优秀，他们都在做自己喜欢的事情，而且正如朝阳升起般，他们未来可期。但也有另外一部分90后，他们迷茫无措，像是行走在荒原之中寻不到一点方向。

前几天给朋友打电话的时候，他正拖着从网上买的简易小书柜在北京的街道上走着，他说快递寄到了公司，他要自己把快递搬回家里。因为不舍得打车，他用了一个小时才到家。

我知道他在北京生活得很艰难，做的工作也不是自己喜欢的。他也想过换工作，但是总也找不到合适的，所以就一直拖着，将就着生活。他的压力很大，大学四年都不会吸烟的他，现在已经到了戒不掉的程度了。当我准备开口劝他别再抽烟时，话到嘴边又咽了下去。

大概一个月以后，我再给他打电话时，他说他换工作了，是自己喜欢的职业。工资不高，勉强够用，但是每天都很开心，即使再熬夜加班也浑身充满干劲儿，他开始慢慢地减少吸烟的数量。电话的最后，他跟我说他准备大干一场。

我不知道短短一个月的时间，他怎么会发生如此大的改变，我也没有问他。但我知道，这就是我们想看到的最好的结局，从心里为他开心。

无论是已经事业有成，还是在磕磕绊绊中摸索前行。我们的人生才刚刚开始。

别怂，胆子是一个人的利器

古人说：才，胆，学，识。胆为先，胆就是胆量和勇气，是一个人的气度和魄力。

就此而言，我最佩服的人是南野先生。虽然名字里有个“野”字，但是，他说他小时候安静的像个女孩子。不翻墙、不爬树；看到老鼠害怕得撒腿就跑，比老鼠溜得还快；不喜欢和人说话，见到陌生人没聊上几句就满脸通红；从不主动扎进人堆，人越多的地方他离得越远。可能从小就形成了这种性格以致很难改掉，直到二十岁的时候他还是这个样子。

我第一次见到他是在英语的分享交流会上。交流会开始前，每个人轮流用英文介绍自己，我看到有的选手比他小很多，他们站在台上的时候，且不说发音是不是标准，至少给人的感觉上是气场很足，每个人都面带微笑而且声音洪亮。因为走进大厅的时候，南野先生特意选了最后一排靠近角落的地方，所以自我介绍流程是最后一个才轮到他。从第一个人发言，他就已经开始紧张，紧张到以秒倒计时来计算还有多长时间到他发言，甚至想要找个借口从后门直接溜掉，省得当着那么多人的面出丑。

这些都是那天交流会结束后，南野先生亲口跟我说的。如果不是他跟我说，从外表上看，我根本猜不到他是一个这么害怕在公众场合讲话的人。

那天，南野先生的发言，能很明显地听出他说话时的喘息声，肢体的僵硬，表达也有些混乱。比赛之后，他跟我说了他很多过去的糗事。

他第一次做主持人是朋友邀请他去的，因为南野先生的外形气质很适合主持。可当时，他直言拒绝，可拗不过朋友还是硬拉了上去。答应后南野先生才知道，这场活动举行在一个可以容纳上千个人的大礼堂，场面很大，他本来打算再次拒绝朋友的，又怕临时拒绝会给朋友造成麻烦，所以便忍住想要逃跑的冲动。其实对南野先生来说，背主持稿是小菜一碟，他是那种有过目不忘本领的人。唯一让他胆怯的，就是面对那么多的观众说话。当聚光灯打在他身上，所有人把目光投向他的时候，他感觉自己紧张到呆若木鸡。这应该属于严重的社交、演讲的恐惧症。

整场活动下来，他掌心出的汗把主持稿都浸透了，喉咙发干的时候，他就到后台狂喝水。幸好主持的过程很顺利，只是他的心理斗争太激烈了。

他还跟我说，有一次上台和女生一起唱歌，本来设计好到唱副歌的部分两个人牵起手来唱，结果他却紧张的把女生晾在一旁。等到女生主动过去牵他手的时候，全场一片笑声。

后来，我跟他聊过很多次，可以看出来他很自卑，和别人说话总是提心吊胆，生怕说错一个字被别人指责。

当然，我之所以说他是我一个很敬佩的同龄人，主要是因为他后面的故事。

有一次，我在地铁里戴着耳机听歌，忽然听到另一个车厢有人在大声说话，觉得声音很耳熟，便从人潮中挤了过去。当时地铁上的人特别多，加上列车行驶的声音，就近的两个人说话都得凑近对方耳朵大声喊，可他的声音却能清晰地传过来。而且他的个子很高，我一眼就认出他，不过当时他正背对着我，没有发现我。当时他激情高昂的演说着，虽然没有几个人真正地在听他讲话，可他还是沉浸在自己的世界里，眼前的他和我刚开始在英语分享交流会上见到的他判若两人。我跟了他一路，到终点站才在他身后下了车。

晚上回去，我发消息逗他说："你不觉得有人跟踪了你一路吗？"他发来一个很慌张的表情，并说："是有人盯上我了吗？你怎么知道？"我给他发了他在地铁上演讲的视频和图片，开玩笑地对他说："你要好好留着，这些都是可以存档的，到时候记得好好感谢我。"他说："好，好，好，改天请你吃饭。"其实不仅仅是他，那些图片和视频至今我都保存着，因为他做到了我一直想做却不敢做的事情。

他告诉我，他已经很多次在地铁上尝试这样去讲话了。好几次计划去地铁上演讲时，从起始站坐到终点站，他每次都是站起来又坐下去，一句话也说不出。

我问他："那你是怎么做到的？"

他说："第一次开始的时候就当作全场一个人也没有，慢慢地，即使你知道有很多人就站在你面前，你也会觉得无所谓。"

仿佛昨天我还在安慰他别太紧张，今天他就变得像老师教学生一样跟我讲如何去做。他还说他曾经在霓虹灯下的街头，跟着一个驻唱的乐队唱了一个晚上歌，面对来来往往的人群，即使唱得跑调，也没有把话筒放下。他也曾尝试着在路上跟陌生人“搭讪”，有很多次都被小姑娘误以为是在撩妹。

然而，不管别人怎么看他，他自己的目标就是一步一步地训练自己的胆量，敢与人正面交流，敢在公众场合自信地发言。

后来，他去了另外一个城市发展。他最新的一条动态里，可以看到，他正在筹备一场与读者见面的读书交流会。照片里的他西装革履，手握话筒站在发言台上，目视台下的听众，眼里炯炯有神。台下的观众则是聚精会神地听南野先生的发言。

胆量是一个人在战场上的利器。每个人一生当中总会面临需要用勇气去解决的问题，用胆量去完成的事情。我从来不认为胆量是一个人与生俱来的东西，甚至觉得一个人的胆量是可以通过刻意练习来培养的。我相信，在不久的将来，南野先生一定会实现自己的理想。

高冷的外表，温暖的心灵

有一种人，他们看起来孤傲高冷，冷冰冰地表现出生人勿近，即使说话时语气也是冷酷严峻的，但是当你真正和他们交往，走进他们内心的时候，就会发现，其实他们的内心，温暖而热情，并不如你想象般的那么冷漠孤傲。

第一次听说这种性格的人是那次小T和另外两个朋友一起去三亚旅行回来后跟我说的。那天小T和两个朋友下了飞机，把行李放到酒店，休息了一会儿就直接去了海滩。晶莹剔透的大海，金黄灿烂的沙滩，几个人玩得十分尽兴，在海滩上追逐打闹，连蹦带跳，不时地拍照录视频。一不小心，小T的手机掉进了水里，再也打不开了。出门的时候，大家为了玩起来方便，就只让小T带了手机，现在唯一的一部手机一坏，一群人便失去了导航，一下子迷路了。

这时，小T看到不远处的沙滩的躺椅上有一位先生，看年纪应该和他们差不多，就对同行的诗怡说：“发挥你个人魅力的时候到了，去找那位帅哥问问回去的路怎么走吧。”

诗怡大方地走过去，说：“你好，帅哥，能请你帮个忙吗？”

那个手里端着一杯红酒，戴着耳机和墨镜，正在享受日光浴的先生，用余光瞅了一眼诗怡没有搭理她。诗怡继续说道：“我们是从北方过来旅游的，手机进水了，人生地不熟，你能帮我们查查回我们酒店的路线吗？”

那个先生还是没有搭理她。诗怡心想：“长得这么酷，没想到还这么高冷，真以为自己是霸道总裁呢。”她哼的一声调头走开。三个人只好失望地离开，可刚走没过50米，他们就听到后面有人对着他们喊道：“喂，跟我上车吧。”几个人回头一看，正是刚才那个怎么也不搭理他们的冷酷先生。

在车上，这位冷酷先生只问了一句“手机坏了吗？酒店叫什么名字？”然后便全程不苟言笑。小T几次尝试打开话题，缓解一下尴尬的气氛，可因为这位先生的沉默，反而显得更加尴尬。

看周围的环境很陌生，小T小声问道：“先生，这好像不是回酒店的路啊？”

那个先生才开口道：“嗯，不是。”

过了几分钟，那个先生把车停靠在路边，小T他们下车后才发现路边是一家手机维修店。没过多长时间，小T的手机就被修好了。这位“冷酷”的先生不仅付了钱，还要开车把小T他们送回酒店去。三人感觉给他造成了麻烦，有些不好意思地说：“先生，手机修好了，我们自己回去就可以了，现在我把钱转给你吧。”谁知冷酷先生说：“赶紧上车吧，说了送你们回去就送你们回去。”

重新上车后，外冷内热的先生还是不怎么说话，诗怡心里想：“虽然高冷了点，但是颜值够高，没想到还这么热心，确实有点霸道总裁的风格。”回酒店的整个路上，她大概脑补了一整部霸道总裁的电视剧。到了酒店，小T他们下车后不停地对这位外冷内热的先生表示感谢。那位外冷内热的先生说：“没事，下次小心一些，这是我的电话，我家离这里不远，有需要可以给我打电话。”

这大概是他们在三亚旅行当中，最意外也最温暖的插曲。

有些人看起来很难接近，其实他的举动总能让人心里暖暖的。也许我们会觉得他在将我们拒之门外，但是，相处后他就会向你打开心房，还可能会做出很多你意想不到但又很温暖的举动。

后来，我也遇到了这样性格的朋友，他叫疏桐。第一次跟他打招呼的时候，他都没有回应我，当时气氛很尴尬，我心里想就算不理我，也至少点下头。而我们逐渐熟悉起来，是在一场书店举办的作家签售会上，我在门外排队进场的时候就看到了他，不过当时因为不太熟悉就没有打招呼，其实我是怕跟他打招呼的时候他仍然不搭理我，那样的话就有点太丢人了。

进去的时候，我俩在观众席里挨着坐。他看了我一眼，对我笑了一下。我问他：“你也喜欢这位青年作家吗？”他说：“偶尔会看看他的书，觉得写得还可以，主要是想听听他的创作经历，毕竟90后的作家里，他的文笔还是不错的。”

说起这位作家，说起读书，感觉他好像总有说不完的话。两个人能聊到一块儿去，一定是因为有相同的兴趣和爱好。我和他也一样，那天签售会结束后，我俩一起去了距离书店不远的咖啡屋，在那里聊了很长时间关于读书和写作的看法。从此，我们算是正式认识了。

回到学校后，我们也会偶尔见个面，聊聊天。相处时间一长，发现他确实不太爱说话，基本上属于你不问他就不答的那种。他走起路来昂首挺胸，给人的感觉很自信，有时候觉得他也挺酷，只是脸上经常是一副严肃的表情，让想跟他说话的人会望而却步。至少从表面上来看，他给别人的印象是这样的，但是作为朋友，我知道，其实他是一个很容易接触，又很体贴的人。

我一直都觉得有三种人是值得交一辈子的朋友：一是曾经把你带回家，专门为你准备一桌子好菜、和家人一块儿吃饭的人；二是当你生病，哪怕是像感冒发烧头疼这样的小病，无论手头有什么紧急的事情都会立马放下，陪你去医院的人；三是在你的人生有重大变故时，一直陪在你身边或者即使不能赶来你身边，也会保持每天和你说几句话怕你孤单的人。

对我来说，疏桐就是一个值得交一辈子的朋友。

一天晚上，我感觉浑身发烫，觉得有可能是发烧，就往校医室走，结果因为太晚校医室已经关门了。我给疏桐打电话问他知不知道附近哪里有医院，他告诉我地址以后就把电话挂掉了，我一个人在医院挂着吊瓶没半个小时，疏桐就赶过来了，累得上气不接下气，看样子肯定是跑来的。

后来，我看到他的火车票才知道，原来我给他打电话的时候，他正在火车站等半个小时以后的火车。在听到我生病的消息后，竟然跑了回来。他说："听你打电话时，语气那么无力，感觉挺严重的，我家离这边近，什么时候回去都可以。哦，对了，记得把火车票的钱给我报销了，不少钱呢，不能就这么白白浪费了。"

这是平时说话特别严肃的他，对我说过的为数不多的一句玩笑。我说：“好，好，好，双倍赔给你，好吧？”

在我们生活中，有些人看似很高冷，其实你只是没有真正地了解过他。

第五章
你并不是一人孤独行

所谓友情，始于年少，余生常伴

“石一京，你能不能别总是欺负小木了。”从对小石头直呼全名来看，这次小语姑娘是力挺小木的。

她揪着小石头的耳朵把他一顿数落，其实最主要的原因是上次小木说小语的衣服太难看而闹别扭的时候，小石头毫不犹豫地选择支持他的好兄弟小木，对小语做鬼脸说：“确实不好看。”

从五岁上幼儿园起，三个人一直手牵手上学，争着站中间的位置，到现在，毕业工作后，隔三岔五都要在对方家里蹭顿饭，三个人互相陪伴、打闹二十多年了。年少的时候，他们是一起穿过同款开裆裤的发小，青春的时候，他们是亲密无间的“死党”，是偶尔会互相吃醋的铁兄弟，是每次只要小语一个电话就会在第一时间现身的两个“好闺蜜”。往后余生，哪怕到八十岁，他们也一定是会喊彼此小石头、小木和小语的亲人。讲到这里，或许你以为我在谈某个电影里关于友情的情节，但这就是身边发生真实的故事。

2018年，刘若英电影《后来的我们》热映时，他们三个人看完夜场，走在回家的路上。小语左手挽着小木的胳膊，右手拉着一京的手，说：“如果我还是找不到那个他，那就……”，还没等小语把话说完，小木示意小石头，两人一点头，撒开腿就跑。小木一边猛跑一边转头喊着：“你这么能吃，我才不养你呢。”小石头则喊道：“我才不会娶你呢。”小语看这一次的“威胁”又失败了，只好追着小石头：“站住！反正你说过喜欢我，要照顾我一辈子的。”

关于“石一京喜欢小语”这个梗，是从一上幼儿班开始的。

上学第一天，石一京就被爸妈打扮得像个小少爷一样，一身格纹浅蓝的休闲小西装、穿着很酷的小帆布鞋。刚一到教室，一京就吵着闹着要见刚才在门口见到的那个梳着马尾小辫，长着一双圆溜溜大眼睛的小妹妹。没错，他竟然在那么多家长和同学的教室里大声叫着：“妈妈，我要那个小妹妹。”他嘴里的“小妹妹”就是小语，不得不说，一京撩妹的能力真是天生的。

不巧的是，小语和小木被分到了隔壁班级。爸爸妈妈领着小语走进教室，小语看到小木一个人在玩儿积木，就和他一起玩过家家，后来两人被老师安排做了同桌。至于一京，他吵着不上学、不吃饭，靠着自己要赖手段，成功地让老师把他调去了小语的班里。没过几天，一京就开始一脸认真、严肃、装作大人模样，用嗲嗲的小奶音对小语说：“我喜欢你哟，我们要在一起很长很长时间，好吗？”结果，旁边的小木气愤地跟老师告了状。

也许，那时候的三个小伙伴还不懂什么是喜欢，但这种缘分让他们走进了彼此的生活。

后来，他们才搞明白彼此之间的关系并不是女生喜欢男生的那种恋爱关系。然而，他们依旧被大家看作两人是青梅竹马，一个暗恋陪跑的童话，被带跑偏变成了三个无话不谈的好哥们、好闺蜜的长跑故事。其实也没错，恋爱随时都有分手的可能，但是好朋友认定了就会是一辈子。所以每次一京都拿小语的手调侃：“摸着就像一团肉。”大概只有喜欢的人，牵手才会有心动的感觉，好朋友之间不会有这种感受。

小石头说话不过脑子，但是很仗义，把感情看得很重。三个人一起上私立高中的时候，他会为了小语偷偷翻墙跑到学校500米外的茶饮店买她最喜欢的布丁奶茶，让大家错以为小语成了他的女朋友；他会在食堂每天跟着小木吃一样的菜，一边不情愿地吃一边埋怨："能不能别总吃这一道菜。"在一京看来，好朋友就是必须一起做很多一样的事情。

小木是三个人中最受"宠"的一个，幼儿园第一天见面时，他就是孤零零的一个人。后来大家才知道，小木的爸妈离异且生意很忙没法照顾他，于是家里就请来一个保姆照料他。三个人的家距离不远，每到周末小木都不愿意回家，要么去小石头家里住一天，要么跑到小语家里玩一天。以至于哪次小木没去小语家，小语的爸妈都会打电话问清楚到底为什么没有来。虽然是个男生，但是小木很会照顾人，独立性也很强。他们三个人去各地旅游，从整理行李，预订机票，到做旅游攻略，基本上都不用一京和小语插手。

上大学后，一京去成都学习播音主持，小语到北京读医学专业，小木则跑到了杭州主攻中文。后来，小语回忆大学时光时说，那是一段新的开始，是要学着独自成长，"分开"让他们成了更好的自己，也让彼此在生命中变得更重要。

刚到大学的一段时间，三个人每天都通过微信分享地理位置，一京直播他撩妹的进程，会偷拍人家吃饭的照片发在三个人的群里，连打篮球投进一个三分球也会拍个小视频拿给小木、小语看。小木每天忙着上课和写小说，会坚持每隔两天就给一京、小语打电话。小语每天晚上12点睡觉之前必定给一京、小木上男神速成修炼课。

渐渐地，三个人都有了各自的新圈子和生活。一京最先有自己的社交圈，打篮球，主持舞蹈、演讲比赛，忙得时候多次错过了小木的电话。一京多次不接电话，小木越来越气，再也不愿意打给他。小语也埋怨一京的冷淡，头天晚上八点发的微信，第二天还收不到回复，甚至连她的生日都差点忘记。而小木和小语之间也出现了裂痕，好几天没有联系。终于，气不过的小语在三个人的联络群里说了一句："既然都不想说话，以后就再也不要说了。"

这条微信消息使以前那么亲密的他们突然充满了陌生感与距离感。一京一个人跑到操场喝酒，他害怕小木和小语再也不理他；小木翻着设为星标的两个人的电话号码，欲播又止；小语则在被窝里哭了不知道几个晚上。每个人的心里都憋着一股劲儿，谁也不肯先说话，整整一个月的时间，谁也没搭理谁。

元旦前几天，小木实在忍不住了，最先开口说："我元旦回家，你俩要一起吗？"一京说太远了不想回，小语说学校有事回不去。小木知道，这是他俩心里的气还没有消，所以他没再说什么就一个人回了天津。

每年元旦或者春节，小木都会在天津之眼周围的街道上散步，欣赏璀璨的灯光和夜空的烟花。这年也一样，元旦的街头无比热闹。正当他想坐到街边的长木椅上，电话响了，里面传来一个熟悉的声音："木先生，请沿着你右手边偏东的方向步行500米。"小木有点莫名其妙，可当他走到路的尽头，眼泪止不住地流着。原来是一京和小语举着横幅，上面写着："元旦快乐。"一京冲着小木大喊："臭小子，说好了每一年都要一起跨，再敢丢下我俩跟你没完。"小木蹲在地上哭成了泪人，小语跑过去紧紧地抱住他："我们怎么可能会让你一个人在这里呢？"其实，那天小木刚打完电话说回家过元旦，一京就已经开始准备买机票了。

他们知道，从小父母离异对于小木影响很大，他宁愿在元旦夜晚的街上独行一个晚上，也不愿回到那个空荡荡的家，以前还能去一京和小语的家里，可如果他俩不在，小木就真的只剩自己了。朋友大概就是这样：能明白你最脆弱的地方，就算生着你的气，也还是会在你最需要的时候跑到你的身边。

像当初约定的那样，三个人毕业后都决定回到天津。目前，石一京成为一名篮球联赛的职业解说；小木在天津开了一家文化艺术摄影工作室，经常跟明星接触；小语则继续在北京攻读医学博士学位，以后要回天津的医院工作。

他们说，以后三个人仍要在一起。

三人行，真的必有我师

已经很长时间没有那么集中精力地做一件自己喜欢的事情了，也很久没有投入到一种废寝忘食的地步：坐在图书馆里看书，不到一个小时就要出去楼道里转一转，可回去后看着手里的书，脑子里却是其他的东西；最喜欢的书买回来看了不到二十页，就放在书架上再也没有动过；突然发现自己不再像小时候那样，放风筝能放一下午，捉到的一只知了放在透明的空瓶子里能看上好几个小时，越长大反而越没有耐心把一件事坚持做完。

V先生跟我说，如果你真的喜欢做一件事，即使忘记了吃饭你也不会觉得饿，一天只睡几个小时也不会觉得困，前提是你要出于真心去做这件事，而不是别人要求，不要把它当作任务，也不要设定必须要完成的时间。

V先生是我的合租室友，当时还有另外一个人，我们三个租住在一个小公寓。我经常看到他熬夜画画，而且每次都是挑灯奋战，连续好几个小时一动不动，寸步不移，有时候甚至入迷到好几个小时连一口水都不喝。他说画动漫是他的爱好，跟专业无关，这个习惯已经坚持了好几年。我一直都很佩服他，因为只要他想做一件事情，就能坐得住冷板凳，闷头苦干，不为外界情况所干扰，就像个与世隔绝的扫地僧一样。

有天晚上，我被V先生的笑声吵醒，睡眼惺忪地打开手机看看时间，是凌晨一点钟。当时，我也不知道他在笑什么，因为特别困，就又沉沉睡去。一整个晚上被他吵醒了好几次。早上六点钟闹铃响起，我走到他的卧室，看到他正坐在床上看书。他对我说："不好意思，昨天晚上是不是吵到你们两个了。"在确认我没被打扰后，他说他昨天晚上在看一本小说，越看越被剧情所吸引，越看越觉得有意思，就一直没有睡觉，里面有些情节写得好笑，没忍住就笑出了声。他用了一晚上把这本小说看完了。

我特别羡慕V先生能一口气读完一本书，而且还这么兴奋而毫无压力。我记得前段时间我计划读一本书，在看书之前我对这本书做了规划，包括每天读多少页、几天读完等。可是等到计划约定的时间，我还没有读完一半。每天的任务都在往后拖，自己根本不是因为兴趣、好奇心和探索欲去读这本书，而是把它当作任务，那种每天都要在规定的时间完成的规定的任务。时间久了，自然越来越反感，甚至把读书当成每天的累赘，对读书产生厌恶感。

尽管V先生比我小，但是在有些事情他明显比我要成熟。我跟他说了我的烦恼以后，他跟我说："走，我带你去一个地方。"正赶上周末休息，我说："好，咱们出去转转，也别总是憋在屋子里。"当时，我还以为他是单纯地想带我出去散心呢。

出了地铁站，他指着对面说："就是这里，全市最大的成人室内游乐场。有没有兴趣进去挑战一下？里面各种项目都有，我以前经常和朋友来这里。"

说实话，自从幼儿园里滑过滑梯以后，我就再也没有碰过这种东西。我接受了他的提议，说道："好，既然来了，就痛痛快快地玩一场。"

游乐场真的很大，高空滑梯、蹦床、秋千、射箭，每个项目都有很多人参与，各种尖叫声在游乐场里回荡。令我没有想到的是这里面有很多是年轻人，小孩倒是不多见。V先生带我体验了高空滑梯，有点恐高的我最开始不愿意尝试，他说既然来了就试试。第一次从最高处往下滑是V先生趁我不备把我推下去的，有点小孩子脾气的他，总是趁我不备进行突击。因为我是第一次去，他就一直带着我玩各种项目。那天我们从中午一直玩到晚上，V先生几乎带着我玩了每个项目。最后我满头大汗，坐在地上差点累得站不起来。

V先生说："我们走吧，玩得差不多了。"我意犹未尽，说让我休息一会儿，我还能再接着跳，接着蹦。他拍着我的肩膀边笑边说："没事，以后想玩再过来。"在等我休息的时候，他也坐在地上。

他问我："最近你有坚持五个小时一直做一件事的时候吗？"

我说："没有，看书都超不过三个小时，连看电影都会中途离场。"

他说："我觉得你有，今天你坚持玩各种项目已经快五个小时了，喝了两瓶矿泉水，中间也没有休息过。况且，现在我想叫你离开，你都还不情愿呢。"

"这也算吗？"

他说："当然算。只是你从未发觉，生活当中有很多事情都是你抱着目的去完成的。这样的话，本来很有趣的过程就会变得很无聊。”

他继续问我：“这次过来，这一下午你有什么目的吗？”

我说：“没有，就是想玩。”

他说：“对呀，抱着‘玩儿’的心态就轻松多了，当你的头脑给你‘我想玩一玩’的暗示的时候，就说明你是真的喜欢做这一件事情，没有什么别的目的。”

我终于明白V先生要带我来游乐场的意义了。

从游乐场回来已经是晚上，我俩一块儿在外面吃饭，聊天的时候我想起了一段经历：有段时间每天都在写文，忙到生病发烧，一边吃着退烧药，一边还在用电脑码字，有时候一边喝着咖啡提神，一边熬夜到晚上一两点。累了就拿着手机在床上写，既能休息又不耽误工作，写完一篇文章休息十分钟就继续赶工写下一篇稿子，连续一个星期都没有出门，那段时间真的很难熬，觉得自己快要支撑不住了。

V先生问：“你写文的目的是什么？”

我说：“锻炼写作的能力，挣稿费。”

他说：“错了，你首先告诉我的应该是，‘我没有目的，我只是喜欢写文本身。’要享受创作的过程，其他的一切都会纷至沓来。”

那天我真的特别感激V先生，如果不是他，我可能永远都走不出那种阴郁的状态，陷在坑里永远也没法出来。也是那一天，我更加佩服V先生。他让我看到即使是比自己年龄小的人，他的身上也会有值得你学习的地方。

把生活过成最甜的日子，不开心就会绕着走

大家好，我叫白羊。

早上刷牙的时候，我的牙刷不小心掉在地上，这已经是这一周内的第三次了。想想自己的右眼从起床开始就跳得厉害，这几天应该不会有好事发生。虽然整个人很丧，但是一看到门口衣架上昨晚精心选好的今天要穿的衣服，心情不知不觉就变好了，这是最喜欢的一家店里的新款，等了很长时间才买到。对我来说第二天早上穿新衣服比闹铃还好用，因为知道要穿新衣服，自己很早就会激动地醒来再也睡不着。

在镜子面前足足站了有半个小时，领带怎么也打不齐，看着镜子里的自己：距离一米八五的身高还差几厘米，长得不帅，眉毛也不够英气，眼睛不是双眼皮，鼻子不够挺，脸不够尖……全方位把自己打量一遍，最后无奈地想：这辈子估计也就是这个样子了。

我刚一出门就遇见了她，虽然不知道叫什么，也不知道住在哪里，可每天就像安排好一样总能见到。

又是人潮爆满身贴身的地铁，身边的大哥把手搭在我头顶上的扶手上，和他的距离近得能听到他的呼吸声。在给他一个暗示的眼神后，他不好意思地把手放下去。到站后，座位上有人下车，凭着自己灵活的身体赶紧窜过去坐在空位上，以为侥幸得到个空座，没想到刚坐上去，车里的人就下了一大半——原来这一站是中转站，很多人都会下去。这时候，我身旁坐过来一个女生，我心想为什么那么多空座位不坐非得坐在我身边，正当我马上就要得出“是因为我很帅”的结论的时候，她却靠在我的肩上睡着了。我看她睡得很沉，就没有叫醒她，因为她看起来很累。

算了，肩膀借她一用，从来没有人靠过我的肩膀呢。想到这里，我的心里一阵难受。管他呢，空有了这一身的温暖，又能把它赠予谁呢。

下了地铁站看到了一只小狗：脏兮兮的毛，吐着舌头，静静地卧在树底下。看到我走过来，它屁颠儿屁颠儿地朝我小跑过来，围着我打转。等我把它托在手心才发现，原来它这么小。就像一个被人抛弃的孩子一样，它眼巴巴地瞅着我一动不动，让我不由地心疼。旁边坐着的大爷说，这是只流浪狗，在这里已经有很长一段时间了。

最后我将它带回家，给它取了个名字叫茶π。因为我最喜欢喝茶π，还曾经连续中过5瓶，希望这个名字能把这份好运带给你吧，我的茶π。

我把家里的情况介绍给茶π，告诉它睡觉的地方在哪里，大小便的地方在哪里，吃饭的地方在哪里。我还训练它一些常用的指令，比如想让我抱的时候叫一声，想让我带它出去的时候叫两声……我也不知道为什么，突然好想和它分享我的家。

茶π睡着后，我轻轻地关上门回到自己的卧室，开始绘画设计工作。中途感觉自己很困，迷迷糊糊地就趴在书桌上睡着了。醒来的时候，我听到茶π在推门汪汪地叫着，抬头一看，窗外下起了大雨。我把它抱到床上，它用爪子不停地挠着我身边的被子，直到我把被子盖在身上，它才停止吵闹。

有了茶π，我心里的不开心好像都被风吹走了。它好像是上天安排好走进我的生活里，就这样一直陪着我。

我又去宠物店给茶π领养了一个妹妹，不过我很快就后悔了。自从有了妹妹，茶π就不怎么喜欢和我玩了，于是，我把它教训了一顿。自从有了这两小只，以前家里很安静，现在热闹了许多。

当我需要安静时，我会把茶π和妹妹反锁在另一间卧室里，任由它们两个玩闹。我则坐在阳台上，望着撒满星星的夜空，陷入了无尽的思考，过往的情感、单调的日子、日复一日的生活都是我思考的问题。不过越想这些问题，我越难过、越焦虑。直到有一天晚上看书，我无意中读到了摄影师山本昌男的一句话："我活着，每一天感受着所有的细节和琐碎，并且尝试着将它们置于欣赏的位置。"这句话让我一下子清醒过来。我告诉自己：每天开开心心的才最重要，别让自己生气，多去看看外面美好的世界，多和爱笑的人一起聊天。

大家好，我是白羊。但我已经不是刚开始跟你们介绍的那个白羊了，我决定收拾好心情，重新出发。

为了让自己走出去，我开始参加公益跑步团体——晨跑团和夜跑团，认识了很多不同年龄，但又很有趣的跑友，他们来自各行各业。有30岁已经做了大学老师的H教授，有已经拿到国际健身最高级别证书的W先生，还有每次都拖后腿但却非常幽默，总能给大家带来欢乐的小胖……我开始觉得，接触这些不同性格的人，开始让自己的生活变得更加丰富，就像七色的彩虹。

我还喜欢挑战一切未知的、新鲜的东西，徒步、潜水、游泳、射击、划船、露营、登山、玩翔滑伞、参加话剧表演、跟着乐队学习唱歌。我开始利用业余的时间做那些很喜欢却没有来得及做的事情。

前段时间我参加了国际马拉松长跑比赛，这已经是我第六次参加国际马拉松了，谁又能想到，以前带着茶π去楼下转几圈就气喘吁吁的我，现在竟然能轻松地把马拉松跑完。我希望自己的人生像电影一样，有若干个不一样的镜头、场景和地点，而不是只有一成不变的生活圈。

我再也不是以前那个天天从早到晚，形单影只过完24小时的男生，不再孤独地承受着这个年龄不该有的垂头丧气。努力把生活过成最甜的日子，因为当喜欢的东西像空气一样填满你所有的空间时，所有的不开心都会绕着走。

请记住，你还没到佛系的年纪，别将就

“佛系”是2018年的年度网络热词：佛系生活、佛系青年、佛系工作、佛系恋爱……简而言之，“佛系”说的就是看淡一切的生活方式，标准口头禅就是：“都行，可以，没关系。”我觉得这个词很有趣，在快节奏的生活当中把脚步慢下来，不争不抢，也算是一股清流了。可是，当越来越多的人把这些词挂在嘴边的时候，“佛系”就演变成了逃避生活，逃避竞争，过一种安逸悠闲的生活态度。

最近看到度西，是在我去北京找他玩的时候。度西是我大学的

一个同学，现在在北京的一所大学读法学研究生。刚到寝室的时候，我一眼就看到整个寝室最干净的那个书桌，就把背包放在桌子上，然后对他说："这是你的位置吧？"他尴尬地对着我笑了笑说："不是，这边才是我的床铺。"我看着他说的那个凌乱的书桌，床上的被子没有叠，垃圾桶也没有倒，简直不敢相信。因为原来的度西，每天早上都要把被子叠出棱角，他的书桌比女生还要干净。问及此事，他说："没时间收拾了，就不管了。最重要的是自己开心。"后面这句话说得没错，但我总感觉过得开心不代表随意。

第二天我们吃饭的时候，度西的导师给他打电话，说让他下午有时间帮忙整理一些东西，还特意说会给一些劳务费。我觉得挺好，这样既能帮老师忙，还能挣点生活费。他却说他们经常需要做一些这样的工作：帮老师整理材料，帮师哥师姐打下手，对教务处的老师必须随叫随到，以至于自己没有太多时间。

我跟他说："其实你可以拒绝。"

他摇了摇头，说："根本就拒绝不了。"看着眼前的度西，完全不像在本科认识的他——豪爽、痛快、大胆。我想起本科时的他咬着牙握拳发誓——一定要拿到国家奖学金，于是每天起早贪黑地看书，把成绩考到全专业第一名；想到考研备战的后期，他为了给自己争取更多复习的时间而公然逃掉院长的课跑到楼下的自习室学习，被院长发现扣了平时成绩，然后理直气壮地跑到院长办公室找院长理论。可是，现在的度西已经失去了反驳和拒绝的勇气。北京是个竞争激烈的城市，度西却活成了什么都要将就的样子。

我觉得，这属于典型的佛系心态：不反抗，不争抢，将就着生活。

无独有偶。我有一个朋友叫小琳。刚上大一时，很多女生还没有褪去高中时的青涩和腼腆，小琳是班里第一个化妆的女生，班里所有的女生都很羡慕她，不同颜色的口红每天跟着心情随便换，还烫了一头红棕色的头发，穿的时尚洋气。她一天有可能换好几件衣服，而且特别注重护肤，面膜两天一张，化妆品的种类更是数不过来。所以，那个时候追她的男生很多，毕竟她的打扮总是很引人注目。在和她认识不久后，她就成了我的“私人御用服装搭配师”：帮我选衣服，教我怎么搭配，告诉我阴天适合穿什么颜色的衣服，晴天适合穿什么样的衣服。

我一直觉得她算是我周围女生中活得最精致的，不仅学习好而且读书多，所以我跟她说：“三十岁的你肯定气质如兰，比现在还漂亮，说不定能成为董卿那样的女神。”

我最近看到的她，却是纯素颜，口红、乳液、防晒霜都没用，头发也是随随便便地扎成马尾，穿了一件很简单的白色T恤，以前经常挂在肩上的背包也没有带。我以为她是因为出来得着急，没有来得及化妆。她说自己最近一直是这样，觉得年纪大了就不想化妆了。她才二十几岁，怎么能说自己年纪大了？她认为化了4年的妆也没人喜欢，更遇不到自己喜欢的人，还不如不化妆。我并不是让她非要化妆，只是她从心态上的放弃让我有点难以接受。我觉得这绝对不应该是一个二十几岁的女生该有的状态。

我喜欢那种努力把自己变得优秀的人，他们有自醒的觉悟，更有改变的勇气。

阿T是我在健身房认识的。那粗壮的体形和成型的肌肉块儿，不比专业的健美教练差。在我身边有健身习惯的朋友中，他算是健身效果最好的。我记得当时我还特意和他的胳膊对比了一下，他的臂围至少是我的3倍，我还说一定要练成他那样的，听他说需要练3年，我就放弃了。

有一天健身房里休息的空档，他给我看了他手机里的照片。那是高中时候的他，体重300多斤，走路都费劲。但他坚持每天早上去跑步，刚开始跑上100米用一分钟也跑不完。但他坚持不懈地锻炼着，大概一年左右的时间，他的体重就明显地降了下来，身体也越来越好。之后，他来到健身房，一直练到现在这样的体形。

他说喜欢去健身房的原因是喜欢那种不断挑战和突破自己杠铃重量极限的时候，所产生的成就感。相较于那些每天窝在寝室里，一天三顿饭都不离床的大学生，阿T实在是很励志。

总之，在还没到佛系的年纪，别将就生活中的那些无奈。年轻的时候，千万不能放弃追求，要努力拼搏，否则你要青春干什么？

其实，我们都想有人做个伴

我曾听浩宇讲过一件事，那件事让我感到很难过。

有天晚上，他一个人去医院看医生，看完病，医生对他说："孩子，多注意休息，不要太累。"他说听到那句话的时候眼睛一下子湿润了，走出医院在回家的路上哭了一个多小时。

他说他已经很长时间没有听到过这样的话了，到现在二十四五岁的年纪，除了远在家乡的父母，就再也没有人叫过他"孩子"了。一个人在远离家乡的地方生活得太久，他人的一句话就这么戳中他内心最柔软的地方。过了没多久，浩宇突然跟我说，他很想淋一场大雨。我问为什么，他说这样就可以再次生病，然后再去那家医院找那位医生看病。听到这些话的时候，我的心里很不是滋味。原来，我们都活得太孤独了。

我曾在网易云音乐上听过宿羽阳的《十一种孤独》。这首描写孤独的歌在很多年轻人心中引起了共鸣。

最孤独是评论区未署名情书；第十是睁开眼就已黄昏迟暮；第九是海蓝时见鲸，林深时见鹿，却不见你，在梦醒之处；第八是回家的路途绕了几次远路；第七是看一场一群人的演出；第六是一个人吃饭，一个人写书，一个人拼岁月拼图；第五是骑单车过陌生的马路；第四是给空白的纸上画五线谱；第三是假装很成熟，假装很忙碌，假装擅长一个人独处；第二是穿过万家灯火无数，却无一人等我在归途；第一是收到远方一纸家书，说照顾自己，累了别忍着不哭。

浩宇说，这十一种孤独他都经历过。他说，生病那天，妈妈给他打电话的时候他正因为发烧躺在床上。当时手机放在客厅里，电话铃响起的时候，他拖着疲惫的身体走了好一会儿，才把手机拿到手。妈妈问他为什么这么长时间才接电话，他说，手头里有要紧的事忙，没办法及时接。说这话的时候，他的眼泪已经在眼眶里打转了，可他还要装作很好的样子。电话打到一半的时候，他实在忍不住但又不想让妈妈知道，就说：“妈，等我一分钟，我去拿个东西。”放下电话，他一个人偷偷跑到卫生间哭了起来。其实，他心里有很多话想说，恨不得妈妈就在自己的面前。但是他知道，自己已经不是一个孩子了。

不知道从哪天起，长大的我们变得所有事情都想自己一个人扛，无人依靠的日子里自己想办法照顾好自己，为了不让关心的人担心，硬是咬着牙说着一些口是心非的话。明明累成狗，却告诉父母自己工作轻松，每天吃得好，睡得香；明明自己一个人跑去医院看病，却说自己每天都去健身房锻炼，身体很好；遇到不开心的事烂到肚子里也不肯讲出来，反而告诉他们说哪有那么多功夫和时间想一些让人烦恼的问题。

有时候，浩宇也怀疑自己当初来到这么远的城市生活的决定是对还是错，他只记得临走时父母对他说：“不用担心我们，我们最大的遗憾就是不能每天陪着你。以后有什么不开心的事情，就给我们打电话说说，虽然不能帮你，但说一说，你也会感觉舒服一点。”他答应了，但是后来打给父母的每一个电话，浩宇都屏蔽了和伤心难过、挫折、无奈相关的内容。

浩宇是内向型的人，不爱说话，他经常一个人坐在公交车上靠窗的位置上听歌，半个小时又下车，再上不知道是开往哪里的公交车。直到，路上的行人和车辆越来越少，他才开始往家的方向走。

浩宇的故事还没有结束，在公交车上流浪久了，也会发生一些故事。那晚下大雨了，浩宇出门之前没有带伞，所以就一直坐在公交车上避雨。到距离终点站还有三站的时候，一个女生走过来坐在他的身边："你好，我把伞借给你吧。"浩宇觉得有点突然，愣了几秒后婉言拒绝了。女生沉默了几分钟，眼睛看着正前方说："身边的这位男生，可以给我一个机会听我把话说完吗？我知道你每次都坐后排靠窗的位置；我知道你最喜欢听歌的时候用胳膊拄着玻璃窗沿，手托着下巴，看着窗外发呆；我知道你经常坐到最后一趟末班车才回家；我知道有一次你一共换了八趟公交车，直到晚上十一点才下车。我猜你应该最喜欢蓝色，因为你经常穿蓝色的上衣，你最喜欢穿的应该是运动鞋。请原谅，目前我对你的了解只有这么多。如果你能给我继续了解你的机会，那么我会感觉很幸运。我不知道你有没有女朋友，如果有，这将是我第三十八天，也是最后一天陪你坐公交车了。如果没有，我们可以先做朋友吗？"

浩宇说，那天晚上听那个女生说话的时候，他就像一个木偶一样。听了那些话，他确实很开心，没有想到能得到一个陌生人对自己的特别关心。在公交车的最后一站，他对这个女生说："可以啊，谢谢你。"于是，两个人就一起撑着伞走出了公交车。

我问他后来怎么样。

他说没有怎么样。我问："你是不知道人家女生喜欢你吗？"

他回答说："知道，有一段时间相处在一起，她的性格很好，我也挺喜欢她。但是我不敢再去认真地喜欢一个人了。"

我没有再继续问下去，想起前段时间看到的一句话：我很怕听到别人说喜欢我，因为我怕自己会让他们失望，或许我并没有他们想象般的那么好，也不值得他们的喜欢。我总是嚷嚷着自己孤独，可每当有人试图翻越围墙拥抱我的时候，我却总是拼命地在围墙之上添砖加瓦，狠狠地把他们推开。

我是这样的人，浩宇也是，因为懂他，所以没再问他为什么。

人，有时候就是很矛盾的动物，明明想要有一个人陪着你，可当真的有一个人能陪着你的时候，你又害怕失去而不敢靠近。

年轻人的生活，要过得有趣一些

有一次，我和朋友去大悦城时尚馆玩，遇到一场特殊的分享会。舞台上有一对看起来很年轻的潮爸潮妈在表演节目。潮爸弹钢琴，潮妈在一旁跳舞，儿子和女儿坐在不远处的小凳子上正聚精会神地欣赏着两人的表演。这画面很让人羡慕，许多人驻足观看。表演结束后我们听到潮爸在台上，分享了他们一家人的故事。原来，今年潮爸26岁，潮妈24岁，儿子4岁，女儿2岁。这是他们第一次来到这个城市，这也是他们全国旅行的第八个城市。他们打算用一年的时间自驾游，带着儿子和女儿走遍。虽然孩子们的年纪还小，但是父母想带他们看看世界。

我曾经想着，如果两个人相爱结婚，有了儿女以后，会不会就过着一成不变的生活：男人赚钱养家，女人照顾儿女，每天除了柴米油盐就是工作事业。作为一个喜爱自由的90后，我以前每次想到这里都觉得害怕。但是今天看到这对潮爸潮妈，我改变了想法，对身边的朋友说："这就是我向往的婚后生活——和自己喜欢的姑娘，带着儿女走遍全国。"

他说："希望吧，我们现在做的所有努力不是为了将来日复一日地守在家里和工作岗位上，而是希望能有选择去更大的世界的权利，可以选择做自己喜欢的事情。"

关于这个主题，我想起身边一个很有个性、很有想法的女生。有一天，我在微博上看她发了一条动态，说她最近要实行一个计划——打算以后每个周末都会单独拿出一整天的时间去这座城市不同的地方，体验这座城市的不同风光。

这个计划，她坚持了整整半年，因为每个周末她都会在朋友圈打卡签到。我在她的朋友圈里发现了很多有趣的东西，很多好玩的地方，很多有趣的活动。最关键的是，这些有趣的东西距离我这么近，我竟然都不知道。

第一周，她去参加了夏至音乐节，从那条动态里的视频来看，摇滚音乐的派对现场肯定很嗨。第二周，她去现场观看了傍晚时分的热气球喷火表演。第三周，她去观看了俄罗斯风情表演。第四周，她去看了张学友的演唱会，买的还是最贵的看台票。第五周，她找到一家新开业的精致的小书屋，在那里安静地看了一下午的书……最让我佩服的是，她参加活动的费用，都是自己平时一点点通过兼职挣来的。她没有把这些钱放在买各种各样的衣服和化妆品上，而是选择去增加自己的经历和体验。这是她和其他女生不一样的地方，也是最值得我们学习的地方。

我计算了一下，她这将近十周去的地方，比我过去一年甚至两年去的地方还要多。我希望有一天自己也能像她一样，多做一些有趣的事情。

直至现在，她每周还是会在朋友圈更新动态，而我每周也都会关注她去了哪里。不同的是，以前照片里都是她一个人，现在变成了一群人。几个朋友聚一聚玩一玩，一起探索，一起发现，游遍了这个城市好玩的地方，吃遍这个城市里好吃的地方。在这个过程里，她认识了很多新的朋友。

有些时候，你不必羡慕为什么别人的生活那么有吸引力，为什么故事总是别人的而不是自己的，其实这都是因为你永远没有勇气去做，永远都觉得那些有意思的事情与你无关。年轻的时候错过很多有趣的东西，等你真正想找回它的时候，就怎么也找不到了。

生活能有千百种方式，看你自己怎么选择。无论你已经结婚，还是在学习或者工作，作为一个90后，请多想办法让自己的生活有趣一些，不要把日子过得单调乏味，活成老年人的样子。

再忙，也给亲情留点时间

树欲静而风不止，子欲养而亲不待。我想让正在看这些文字的你尽早明白这个道理。尽管此刻的我想到奶奶离开的那些画面，眼泪还是会不自觉地流下来。

今天是奶奶离开我的第46天。我到现在也没法相信，最疼爱我的人什么话也没有说就这么突然地走了。

我是奶奶一手带大的孩子。

那天晚上，我接到爸爸电话的时候，感觉天都快塌了。电话里他抽泣到快要失声，说："快回来，你奶奶生病了，病得厉害。"

他平时都不怎么给我打电话，我猜想事情应该很严重，但无论如何我都没想会严重到失去奶奶的地步。

我坐火车连夜赶回家，之后是姑父开车接我去医院的。在路上，他跟我说奶奶因为脑出血已经昏迷，让我做好思想准备。刹那间，我感觉自己的心口堵得难受，喘不上气，眼泪止不住地往下流。重症监护室的门一开，看到奶奶的模样，我心疼得腿都软了，眼泪再一次失控，想号啕大哭却不敢发出声音。奶奶一生都要强，受了委屈宁可躲起来哭也不愿让人看到，这是我第一次看到她那么脆弱。她半昏迷地躺在那里，已经说不了话了，听到我的名字，费力地抬起颤抖的手指。那一刻，我觉得自己接近崩溃，甚至想过如果能拿自己的命换奶奶好起来，我也愿意。

那天，我一直守在奶奶身边，握着她的手不敢松开，就像小时候奶奶抱我的那样，牵着我的小手，慢慢地把我养大。我发现，不知道是从什么时候开始的，我的手比奶奶的大了很多。因为我记得小时候一直是奶奶的大手握着我的小手，送我上学，接我放学。可是，我长大以后，却再没有牵过奶奶的手。

我还没有来得及孝敬奶奶，还没来得及报答她的养育之恩。我想着成家立业后把奶奶接过去，想着以后牵着奶奶的手散步，想着让奶奶靠着我的肩头看夕阳，想着听奶奶讲我小时候喜欢的故事。

曾经，奶奶经常讲，我也爱听，不是吗？我一直在努力，等成家以后就把奶奶接到身边，把她当作小孩子一样宠着。她养我小，我养她老。如今，这成了我最大的遗憾。

奶奶去世后，有一天晚上我在她的家里睡觉，弟弟在旁边睡着，像小时候一样。在我记忆中，小时候，每天早上奶奶都醒得特别早，天还没亮就开始忙活，等我们醒来叫我们吃饭。可现在，我早上睁开眼的那一瞬间，看到您的位置空着，我的心里空落落的，您永远地离开了我们。

奶奶总是把我的照片放在一伸手就能碰到的地方，说想我的时候就可以拿出来看一看。我怕奶奶想我，在四月十九日生日那天还去拍了照片，装订成册，原来想着暑假拿给她，可她却没等到。以后，我会在自己家里放很多有奶奶的照片：挂在墙上，放在桌子上，随时想看的时候都能拿到。

以前，每次我生病，哪怕是头疼发烧这样的小毛病，奶奶都会急得吃不下饭，忙前忙后地照顾我。可如今，我连照顾她的机会都没有。

我曾经跟奶奶聊过一些我对未来的规划，奶奶当时听了总是装作无所谓的样子，说：“我不管。”但从她的眼神里，我能看出来开心和欣慰。在家里，奶奶总是把我当孩子，同时又总是告诉我要用大人的方式去解决一些问题和事情——告诉我怎么做人，怎么办事，怎么与人相处……我会永远把奶奶记在心里。

回学校后，每天晚上十点左右，我都会在校园里走很长时间，不经常抽烟的我，那阵子每天都抽一包。因为我需要它来帮我控制自己的情绪。朋友告诉我支撑不住时一定要哭出来，那样会好一些。实在忍不住时，我会看着手机里奶奶的照片，蹲下来哭很长时间。家人告诉我一定不要钻牛角尖，但我又怎么可能做到呢？在最叛逆的青春期我跟奶奶发过脾气，不听话的时候还跟她顶嘴；在她出事的前几个小时想给她打电话却没有打，到最后连一句话也没说，连她最后的声音也没听到；她去世前不久还打电话问我五一放假回不回家，我说有事忙不回了，我以为我还能再见到她……只是因为我觉得她永远都不会离开，所以才有了这些遗憾。这一天却来得如此突然。

亲爱的读者，如果此刻你还在读这些文字，我想告诉你，在你年轻时奋斗忙碌的日子里，除了事业和爱情，也一定不要忽略同样重要的亲情。

第六章
最好的你，在路上

自带光环的人，走到哪里都是高质量社交

高质量社交的前提是，你足够优秀。社交圈里最常见的法则就是：平等交换。你在选择别人的同时，别人也在对你进行选择。所以，你要有能力让别人记住你，有能力让别人觉得非交你这个朋友不可。

千沐先生去参加留学生举办的聚餐活动，在场的国外留学生和国内留学生围了一桌，坐了将近20个人。他是这次活动的组织者之一，上菜之前，他怕大家无聊，就给大家表演了一段单口相声《报菜名》：蒸羊羔蒸熊掌蒸鹿尾……一口气把所有菜名报完。大家鼓

掌称赞，就连听不懂汉语的外国留学生也一个劲儿地拍手叫好，很多人都没想到千沐先生还有表演相声的天赋。其实，这不是千沐先生的天赋，而是他勤加苦练的结果。他练相声的初衷，就是希望不管是在和陌生人还是和朋友聚餐的时候，能给大家增添点儿乐趣。

看着大家吃饭无话题可聊的时候，千沐先生开始给大家介绍每道菜的特色，就感觉像是他自己做的一样。要知道，千沐先生可是个纯正的美食爱好者，这些对他来说都是小菜一碟。他曾经去过各种美食之都，全国各地各系菜品的特点和区别，他都了如指掌，所以不需要刻意准备就能借着“菜”的话题即兴发挥起来。他在那里解说哪道菜好吃的时候，看到外国留学生一脸迷茫，就切换了语言，开启了英语模式，外国留学生听的频频点头，吃得也很开心。这样的场景有过很多次，要么在饭店，要么在酒吧，每一次聚会结束后都有人过来要他的联系方式。毫不例外，那天聚餐，千沐先生毫无疑问地成为饭桌上那个自带光环的人。

事实上，千沐先生就是有这个本事，无论走到哪里都能很快地成为全场的焦点，吸引住大家的眼球，和周围的人打成一片。

他喜欢跳街舞，每周末都会跟着教练学习舞蹈。因为自己四肢太僵硬，最初的时候他都是偷偷跑去工作室学习，每次回来他都用从周一到周五的时间，把教练教过的动作反复练习几十遍，甚至上百遍。所以，虽然千沐先生每次在课堂上学的一团糟，可当下一次再去上课的时候，就会把动作跳得很熟练。教练问他：“私下里练了不少遍吧？”他点点头。

有一段时间，身边的人谁也不知道他在学跳舞。只知道周末叫他出去玩的时候，他都会说有事推掉。大家以为千沐先生谈了恋爱，没有多问。直到有人在他手机里无意间看到他跳舞的视频，大家才知道真相。有人问他：“你的空闲时间怎么这么多啊，没想到你还学跳舞？”

有一次，一个高校舞蹈联赛在千沐先生的学校举办，学校的老师把通知下发到各个学院，问有没有学生愿意代表学校参加比赛。看大家都没有动静，千沐先生主动去找老师说自己想尝试一下。当千沐先生代表学校参加高校舞蹈联赛的消息很快传到周围同学的耳朵里时，大家对他半信半疑。

比赛那天，千沐先生用实力证明了自己，代表学校获奖。

晚上庆祝时老师同学都过去了，千沐先生也把和自己一块儿登台表演的朋友带去，并把一起跳舞的朋友介绍给在场的每一个人，有的是获得过街舞大赛的亚军，有的是曾经担任过街舞比赛的专业评委，有的已经跳舞整整十年。这是千沐先生因为跳舞而形成的社交圈子，也因为跳舞，他认识了这么多优秀的人。

当你融不进一个圈子的时候，一定是你自己不够努力，别羡慕为什么别人总是能和优秀又有能力的人打交道，因为首先你自己就不够格。优秀的人从来都不是孤独的，因为他就像一个磁场一样，吸引着更多、更优秀的人靠近。

千沐先生最让人佩服的地方就在于，他在任何场合都有让人意想不到的闪光点。他是会跳舞的人里面英语最好的，他是懂英语的人里面口才最好的，他是口才好的人里面了解美食最多的，在懂美食的人里面他又是跳舞最好的。大家在一块儿的时候，他总能让别人对他留下很深的印象，这就是他不断学习，努力把自己变得更好的结果。因为只有这样，更多优秀的人才会不断地走近他的生活。

正所谓，因为自带光环属性，所以走到哪里都是高质量社交。要想有高质量的社交圈，就要不断地提升自己各方面的能力。当别人面临困境，你的能力被需要的时候，更能突显出你的价值和作用。

厉害的人，每分每秒都在改变

杭先生是那种很不安分，很能折腾的男生。

大学的时候他基本都不怎么上课，头脑灵活，鬼点子很多。他以“校园里的创业男神”自居，宣称要在学校闯出一片天地。他把整个学生群体当作市场，开始了为期四年的“创业之路。”

他最先尝试的是名叫“考研陪跑六个月”的小项目。这个想法是在听到考研的两个学姐在抱怨学习时很难自律的问题产生的。回到寝室后，他就开始计划和准备，思考如何解决她们这样的问题，同时还能给自己带来收益。想了很久之后，他有了初步构想：建立一个微信群，把考研的同学拉进去，设置一定的进群费用，进群时间从七月份一直到考研结束，每天在群里给大家加油鼓劲儿，发考研励志文章，监督大家学习。

有了这个初步想法以后，他开始拿着自己的微信二维码去学校各个学院的考研自习室宣传，那时候赶上炎热的暑期。顶着烈日酷暑，他在校园里跑得满头是汗。第一天很不顺利，根本没有人搭理他。

晚上，他开始反思出现的问题，决定先从比较熟识的同学入手，免费让他们进群，请他们帮忙宣传。改变思路以后，他第一天就拉了十几个同学进群。他没有把价格定得很高，六个月定价66元。这个价格很多同学都能接受。在群成员达到一定数量后，他转向对服务质量的探索之中，上网调查了很多资料——哪些文章适合给考研的读，考研的人在各个时期的心理状态，有什么好的解压方式等等。他还去图书馆专门借阅了几本如何与人沟通的心理书籍，埋头学习了一个星期。

他主动找群里的同学聊天，帮他们分担压力。慢慢地，他成为这些考研同学的知心人。

没过多久，杭先生的“考研陪跑六个月”的项目就在学校大范围的传播开来。大家觉得他是一个挺靠谱的人，六个月66元，大家还便于互相监督。就这样，越来越多的同学抱着试试看的态度付费进群。到八月底，群里人数已经达到一百多人。

每天晚上十点，杭先生都会准时在群里用发语音的方式为大家加油，每天都会为群里的同学读一篇实用的文章，再给大家讲一个幽默的故事，缓解他们一整天的学习压力。

后来，他把“考研陪跑六个月”项目发展壮大，扩展到周边学校。杭先生忙不过来，只能专门雇用同学来帮忙管理。

就这样，杭先生不仅实现了经济独立，还渐渐有了自己的存款。

可是，杭先生的故事远没有结束。在他看来，这些都不够他“折腾”。他大胆尝试的好奇心和探索心让他永远都没有停下来的可能。

大二的时候，他开始在学校筹办一间咖啡工作室。按照他的想法，是要在校内的商业区内打造一个集读书、喝茶和休闲于一体的工作室。整个咖啡工作室的布局和理念都是杭先生一个人负责的，进门是一排面向玻璃窗的沙发座椅，里面有单独的隔间供聊天所用，隔间的隔音效果很好，不会影响外面的学生喝茶、看书。

然而，对创立工作室没有任何经验的他来说，刚一开张便遇到一个难题。除了第一天开业有几个朋友光顾，其余再没有其他客人来。在和几个合伙人商量后，他们决定加大宣传力度，让更多的人知道这间咖啡厅。为了宣传咖啡工作室的特色和亮点，他请来音乐学院的同学，成立了一个临时的乐队，晚上在咖啡工作室里驻唱。由此便吸引来不少同学观看，逐渐地大家都知道在校园的商业街还有间这样的咖啡工作室。

后来，杭先生不断对咖啡工作室进行升级改造。咖啡工作室逐渐由刚开始的入不敷出到能保持收支平衡，再到有盈利，经营状况越来越好。在这过程中，咖啡工作室不仅出现过人员管理、团队合作、时间安排等管理细节上的问题，也曾出现面临倒闭的危机，但杭先生都想办法挺过来了。现在，咖啡工作室受到越来越多同学的欢迎。

杭先生说，刚开始的时候，他不断寻找各种新奇的点子去创业，只是为了赚钱来养活自己。但是，现在他的想法变了，他想在创业的过程中不断地发现自己和认识自己——想知道把一件事做到极致是什么状态；想知道自己能忍受的最大煎熬到怎样的程度；想看看自己的最大潜力，想锻炼自己解决问题的能力；想把自己变成不依赖别人、独立而成熟的男人。

后来，他组织策划过整个城市所有学校的夏令营活动，包括路线、费用、日程安排、住处、安全措施等，他都安排得井井有条。为了给大家更好的体验感，他提前一个月就开始做规划。他举办过音乐会，把全校所有唱歌好听的同学聚集到一起搞音乐。他尝试过做导演，拍过十几分钟的微电影，试着拍纪录片。他说，他也不知道自己将来能做什么，他拍电影不一定为了当导演，他开咖啡工作室不一定为了当老板。但杭先生坚信现在所经历的一切，都会在他以后的生活中转化成他的眼界和能力。

我认为，杭先生是一个厉害的人，他不断尝试，坚持改变，让自己变得越来越好。他坚信只有不断地发现问题，纠正自己头脑中错误的想法，才能保证一切工作顺利的进行。

那些真正厉害的人，每一天甚至是每一个小时、每一分、每一秒都在坚持改变。在这种思维习惯的影响下，他们成了更好、更厉害的人。

有些选择，不抓紧，就抓不住

W先生：

我知道，现在你对于没能去北京读研究生，还是感到特别遗憾。这两天临近毕业，我在朋友圈看到考上中国传媒大学的师哥师姐发着一些关于学校的动态，总是忍不住想起你为考取中传研究生奋战的一年。如今，你来到那座从未想过会有交集的城市，并且已经在那里学习、生活一年，我觉得不管怎样，你还是应该感谢现在的学校，感谢你的导师，感谢你遇到的一切有缘分的人和事。

“中国传媒大学古代文学”，这十个字在你考研教室书桌的左上角上陪了你十个月的时间。当从官网查到自己的考研分数，你就知道中国传媒大学与你的缘分只有那十个月了。你开始不知所措，出来成绩以后将近两个月的时间，你感觉好像度过了漫长的两年。你不敢给家里打电话，怕父母担心，可又好想把自己心里的话说出来，因为堵得难受。那段时间，你每天都去健身房，戴着耳机在跑步机上跑得满头大汗，似乎让泪水都变成汗水。

你在调剂页面上面填了辽宁大学，当时你并没有抱太大希望。可正当你已经决定要放弃的时候，辽宁大学招生办的老师给你打了电话，问你能不能准时参加复试。你的心情变得晴朗，觉得好运来临，但当老师说完你必须要在第二天上午准时参加复试时，你的心情又跌到了谷底。要知道，当时你在老家，距离沈阳上千公里，没那么容易过去。但你还是坚决地答应了老师，说自己肯定能过去。

挂掉电话，你立即给女朋友发了消息，她立马打电话来说："赶紧订机票，现在就出发，你还在等什么！"当时她的语气是要把你骂醒的那种。正是她的那句话，让你变得清醒，决定要为这次机会拼一次。

下午两点，距离第二天上午的复试还有19个小时的时间。这19个小时，可能这一辈子你也忘不了吧？

挂掉女朋友的电话，你一边整理复试的资料和简单的行李，一边在手机上订机票。幸运的是，你订到了最后一张从郑州到沈阳的机票。除去订酒店和高铁票的钱，你身上仅有一点现金，银行卡里的钱也所剩无几。

你本想让家里给你打点钱，但你还是没有拨通电话。一是因为你不想让他们知道你去参加复试，怕他们心里有压力；二是因为你怕听到家人的声音忍不住哭出来。那个时候，你太需要有人鼓励你，也太需要有人告诉你应该怎么做。但是离家那么远，你又不想让他们担心，所以只想自己一个人尽最大努力把这件事办好。

匆忙地背上书包就出发了，你的衣服没有换，鞋子没有擦，也没来得及去超市买点吃的喝的，就直接坐高铁奔向郑州。到郑州高铁站已经是晚上十一点，出了高铁站你赶紧坐出租车去郑州机场附近的酒店。

深夜空旷的街道上一个人也没有，车窗外的路灯给黑夜照明，你望着车窗外疾驰而过的夜景，一句话也不说，心里却莫名的想哭。对这趟毫无防备、突如其来而又充满未知的行程，你太孤独，太在意，也太没有把握了。但你一直在告诉自己：必须把这件事做完。

到达酒店已是深夜十二点。你躺在床上翻来覆去怎么也睡不着，早上六点飞机起飞，意味着你四点就得起床。睡醒，你特地设置了六个闹钟，把声音调到最大，还强行告诉自己不能睡得太沉，因为怕睡过头赶不上飞机。总之，那四个小时，你基本没怎么睡觉。

说起来，那是你长这么大第一次坐飞机，我记得以前你说过，就算打死你，你都不会一个人坐飞机。

飞机起飞升空的那一刻，你说你突然有一种如释重负的感觉，好像随着高度的增加，你终于可以把这段时间所有的烦恼、煎熬和痛苦都抛下去。在飞机上你只睡了十分钟，就开始赶紧拿出专业书复习。因为这之前你觉得自己根本不可能有参加复试的机会，所以没有做任何准备，只能临时突击。你在头脑里不断地演练面试可能出现的情况，一遍又一遍地组织用英语自我介绍时的语言。

在复习的间隙，你望着窗外，感觉自己凌驾于崇山峻岭之上，似与白云并肩，突然觉得心胸一瞬间打开了。

下了飞机，你就匆忙地赶去复试现场。接下来的两天，体检、专业课笔试、面试、英语面试，你都没有闲下来。

那天是你的生日，晚上一个人走在这座陌生城市的街头，你走累了，就去吃了最爱吃的饺子，当作给自己过生日了。接到录取通知时是你在公交车上的时候，听到“你被录取了”，我以为你会眼泪哗哗地往下流，可是，你却告诉我，当时你异常平静地长舒了一口气。接着，你感到前所未有的疲惫。

不到四天的时间里，你跨越1500公里，睡了几个小时，只是不想放弃这次机会。也幸好，你没有放弃这次机会。后来，别人听你回忆起这段时光，讲起这段故事，总觉得云淡风轻。在当年调剂形势那么严峻的形势下，你就这么轻松地被调剂到了一所“211大学”。你知道自己很幸运，但也只有你知道，自己拼命抓住机会时的样子有多狼狈，有多坚决。

释迦牟尼说：“无论你遇到谁，他都是你生命中该遇到的人，绝非偶然。他的出现，一定会教会你什么。所以无论你走到哪里，你都要相信，那是你该去的地方，做你该做的事，遇到一些你该遇到的人。”

W先生，你要感激你的这段经历，感谢有个机会，突然间与你打了一个照面，而你也紧紧地抓住了它的手没有松开，所以它最后才选择成全你。希望你日后永远记住一句话，有些机会，不抓紧，就永远抓不住。

世界那么大，一定要去看看

Karyn的父母是上海的房地产商，所以他算是一个富二代。

从小到大，他最喜欢到处旅行，花了很多的钱去世界各地旅行。说起来，关于Karyn最让朋友们津津乐道的一件事就是：他把所去过的全世界各地的飞机票连起来铺成一排，大概有200米长。

当然，这主要还得感谢他老妈的支持。Karyn的妈妈是个狂热的旅行爱好者，每当Karyn说想出去走走，不管多贵的机票，妈妈总是说买就买。所以，不需要辞职，也用不着“穷游”，他的诗和远方总能轻松实现。

他喜欢每次去完一个地方，回来就把几个兄弟叫到一块儿，给大家讲旅途中发生的新奇故事。说来也奇怪，他的故事，是那种听了就会上瘾的。前几天，Karyn把几个喜欢旅行的朋友叫到一块儿喝酒，提起2015年，21岁的他一个人到非洲的经历。

他说，那是他第一次去非洲。

一路颠簸后，他终于抵达位于坦桑尼亚塞伦盖蒂的酒店。与其说它是酒店，倒不如说是升级版的帐篷营地。不过还好，木质软床、纱帐、不大的洗漱间，里面的设施倒也是酒店的标准配置。由于房源不够，Karyn被安排和另外一个中国人住在一屋。刚一进去，Karyn就看到那个中国人在研究动物拍摄的技巧，旁边还放着《国家地理》杂志。两个人很快打开了话匣子——因为Karyn就是冲着动物大迁徙来的。

那个中国人，名叫孟雨，28岁的年轻小伙子，北京一家摄影杂志的主编，这是他第五次负责到非洲自由取景。两个人越聊越熟，孟雨说："Karyn，我们组个探险CP（组合）如何？"Karyn正有此意，就说："再好不过！真幸运有孟兄陪伴。"

Karyn回忆说，那一晚上他都能听到屋外鬣狗和狮子的低吼声，这是他第一次那么近距离地接触自然，说实话有点害怕，不由地把身子蜷缩在被子里。孟雨开玩笑地说："明天早上叫醒你的可能不是闹钟也不是梦想，而是土狼哟。”

旅行的一个重要意义是，你可以遇到志趣相投的朋友，事实也正是这样。

第二天早上醒来，阳光洒满辽阔的草原。距营地50米左右，几匹长颈鹿扬着头慢悠悠地走着，羚羊和水牛在营帐门口处悠闲地吃着草，Karyn坐在草地上遥望着无垠的非洲大草原，享受着草原的风味和生机。“咔嚓”一声，孟雨按下相机的快门，定格住这一刻，现在这张照片成了Karyn最珍贵的照片之一。

Karyn说：“去非洲是一定要看动物大迁徙的。”

吃过早饭整理好行李，两人和当地旅游公司的向导以及两个司机碰面。不难看出Karyn在旅行方面的大手笔。他租的是涂成了草原绿的“战车”，自由升降的顶盖再加上高配的系统，让一旁的孟雨又是惊讶又是赞叹。Karyn说他想亲自开着越野车与凶猛的野兽在草原共同狂奔，体验那种速度和力量碰撞的感觉。但是出于安全考虑，向导Jam先生还是决定让司机开车。Jam是个热情的向导，一路上都在给Karyn和孟雨讲解动物迁徙的时间和地点。没过多久他们就找到了大迁徙的队伍。Jam根据来到这里的几百次的经验，选了观看的最佳位置，让司机把车停靠在一边。

Karyn透过车窗看去，眼前不远处就是浩浩荡荡的150万的角马大军。Karyn和它们近到能看出它们颈部黑色的鬣毛和光滑的斑纹，每一头角马都体型粗壮，样子却十分奇怪：牛头、马面、羊须。它们成群成队而行，时而狂奔，时而列队慢走，整个草原上空响彻着它们行进的马蹄声。

这是Karyn第一次直观感受到非洲草原上生命的壮观和强烈的律动。还没有等到从震惊中缓过神来，Karyn就听到孟雨在不远处叫他。原来，出于职业本能，孟雨早已经下了车，他正在距离角马最近的角度准备拍摄这震撼的场面。孟雨对Karyn说："别看现在如此平静，但这注定将是一场残酷、血腥、暗藏杀机的大迁徙。在角马行进的途中，它们会遇到草原上猎豹的埋伏，河里鳄鱼的袭击，但这就是这片草原上的生存法则。"

孟雨还对Karyn说："这样壮观的场面只在陆地上看是没什么意思的，我已经联系好一家热气球公司，明天咱们从空中俯瞰这百万大军，肯定又是另外一种感觉。"

第二天早上，晨光洒满整个格鲁米提河，热气球在这附近缓缓上升，两人的心情也随着上升的高度增加而兴奋起来。升到空中，两人看到的就是这样史诗级的画面：百万角马在脚下奔腾，扬起的尘土遮天蔽日，微红的阳光照耀着角马，以及这片土地上的每一寸草木。那种动人心魄的美使Karyn赞叹不已。Karyn心生好奇，傻傻地问身边凝望着脚下已经入神的孟雨：“它们每年从马赛马拉到塞伦盖蒂跋涉3000多公里，周而复始，就是为了觅食吃草吗？”孟雨摇头道：“是为了生存。”或许是被几个人高分贝的呐喊声所吸引，又或许是听到上面Karyn的疑问，几头幼年的角马在热气球的不远处呆立了一会，静静地瞅着上面的人，仿佛在说：“虽然我们可能会成为狼狮、虎豹的晚餐，也有可能被鳄鱼吞掉，但是我们走过这段路，就是成长。”

“东非草原的动物怎么看都看不够，狮子、野牛、猎豹、犀牛、大象……”，这是Karyn回国之后，经常跟朋友提起的一句话。

每天都能看到草原上美到令人窒息的日出日落，每天都能碰到新的动物。辽阔的非洲草原上尽情奔跑的瞪羚，以110公里的时速冲刺狂奔的猎豹，成群结队的长颈鹿家族……日落之时，夕阳染红整片天空，与草原的尽头连成一线。而与平卧的公狮一起静看夕阳落下，在几米之内欣赏猎豹身上美丽的花纹，这种深度的旅游和摄影体验让Karyn和孟雨兴奋了好几个晚上。

这一次，孟雨也没有白来，因为在他们来这里的第十天，他用摄像机记录了一场野牛逆袭狮子的“大场面”，而这种机会不是哪个摄影师都能拍到的。

对于Karyn来说，这十五天的非洲之行，让他充分感受到那片草原上生命的壮阔和狂野。如果他在城市当中生活，估计一生也很难看到这样震撼的生命史诗。

所以，年轻人一定要多出去走一走，因为每一个未知的地方都会给你的生命注入新的东西。

别在培养能力的年龄，一心想着挣苦力钱

我们常说，经济独立的人才会有真正的自由。

L先生身上最吸引人的标签不是他的哈佛博士学历，而是即使还在学校里读书，他就已经靠着自己的收入在北京五环处买了一套房。他把父母接到北京的房子里住，每个月不仅不需要父母给生活费，他还会给父母打钱。同时他每年都会带着父母去全国各地旅行。前两天看他公众号的文章，说他连续工作了十天以后飞回北京，看到妈妈准备的一桌子热腾腾的饭菜，让他再累也不觉得辛苦。

特别羡慕他现在的生活状态，在世界上最好的学校读到最高的学历，还在上学就已经事业有成，即使学习和工作再累，父母都会在家做一桌子好吃的饭菜等着他。很羡慕他的财务自由，喜欢摄影，他可以买最好的相机；想去马尔代夫，可以说走就走。

L先生曾经在他的自传里分享过自己的心得体验，其中有一点就是说：一定要尽快地实现经济独立，哪怕你还在学校里没有真正地走入社会。经济越独立，灵魂就越自由。就像L先生说的，经济独立是一个人成熟的标志，但是方式一定要适合。而我认为在二十几岁的年轻人只需要专注于一个目标：培养能力。

记得本科的时候，身边有一个同学在一年的时间里坚持每个周末都坐将近一个小时的公交出去兼职打工——要么发传单；要么在酷热的夏天，穿上不透气的大熊服装和头套，一站就是一上午。每天都很累，一天辛辛苦苦下来除去餐费和交通费，也就剩了不到一百块钱。

我不太赞成学生时期，每到周末就去发传单或者去奶茶店里打工，这是靠苦力解决问题。这种方式通常比较辛苦，到头来得到的却很少。

相较于这个同学，另外一个同学的故事读起来更值得分享。

这位同学的家庭条件并不差，可她作为一个女生，在大学四年基本上没有问家里要过一分钱。当同寝室的女生还在为花几百块买最新款口红而省吃俭用饿肚子的时候，她已经靠着自己的专长做兼职赚了不知多少套SK-II了。

刚上大学时，空闲时间比较多，她也想找一个兼职工作。在学长的引荐下，她去了学校对面的一家摄影工作室打杂。最初她不太愿意去那里，因为她学的不是摄影专业，怕到时候什么也不会做而被排挤。学长安慰她说不用担心，可以慢慢学。最后，她以好好学习拍照，以后就可以自己拍好看的自拍照为由说服自己，去那家工作室做兼职。

刚到那里的时候，扫地、擦桌子、扛设备，所有的体力活她都干。每天只干这些，她不太甘心，感觉累得要死要活，还什么也学不到。后来，每当摄影师给客人拍照的时候，她都在一旁静静地看着，学习拍摄技法、光线构图、后期处理等等。遇到不理解的问题，她就晚上回学校，去图书馆借阅相关的书籍，直到弄明白才睡。

因为能学到东西，她坚持每周末去做兼职。三个月以后，一次赶上外景拍摄任务比较多，摄影师调动不开，她自告奋勇地要承担拍摄工作。摄影工作室的老板对她半信半疑，不过也没有办法，只能让她临时充当摄影师完成拍摄任务。然而，她拍的照片很好，得到了客户的好评。没过多长时间，老板决定把她提升为正式员工，有空的时候教她怎么把照片拍的更有立体感，更有艺术价值。

就这样，大学四年，她把周末所有的时间都放在了利用兼职，边挣钱边学习摄影上，借此掌握了熟练的拍摄技能。我想，就算将来找不到与专业相关的工作，她也能凭着这样的一技之长在社会上立足。

我在L先生的故事之前就提到过一句话：经济独立的人才会有真正的自由。那第一位同学，辛辛苦苦，挣得一点劳力钱也勉强只够自己吃饱喝足，大学四年基本没怎么离开过学校；后面那位同学靠着自主学习与脑力劳动，培养出自己摄影的能力，使自己更有吸引力和竞争力。后来，她靠着自己兼职挣来的钱买了心仪已久的吉他，报名学习了街舞，还在没有毕业之前就走遍了全国大部分的城市。总之，她做了很多自己喜欢做的事情。

所以，年轻的时候，选择做对的事情是至关重要的。聪明的人不是靠蛮力和苦力，而是靠实打实的能力。

别奇怪，年龄和觉悟总有几年的时差

很少有人能在二十岁的时候完成二十五岁的事情，大部分人都是在二十五岁的时候才能补上二十岁时没有完成的遗憾。

有一次和朋友出去，他开车，我坐副驾。正过十字路口的时候有电话打过来，我没想到他竟然直接接了。我说红绿灯口你还接什么电话，他说自己车技好。他的开车技术确实很熟练，但是，开车时接电话总会让坐车的人没有安全感。那个时候如果我会开车的话，我肯定会专心开车，谁打电话也不接。

那一刻，我想起自己考驾照的事情。我本应该高考结束后就应该学习并参加考试的，当时可是有将近三个月的假期呢，可都被我荒废了。后来到了大学，周围的同学都利用周末去考驾照，可我还是没有去。总之，拖到现在我才开始正式练车考驾照。

朋友说上大学的第一年，是最颓废的一年。虽然刚过完严格的高中生活，但对于大学这种自由的管理方式很快就“适应”了。他每天睡到自然醒，必修课选逃，选修课必逃，报的社团每天去了除了玩儿还是玩儿，晚上熬夜打游戏，周末和朋友出去唱歌、看电影、聚餐，总之想做什么就做什么。那一年，他几乎无所事事，上课屡次被老师点名扣平时分，挂科更是常有的事。

后来，他给我算了一笔账：如果那一年坚持一个星期看一本书，一年下来就是50本；如果坚持每个月培养一个小习惯，一年下来就能养成很多优秀的习惯；如果坚持学游泳，一年的时间也足够他学会。看来，他也明白一年之内可以做很多的事情，多到可能自己都想象不到。不仅有些事没有做到，而且有些道理，以前的我们也不懂。

吃饭时，朋友聊起儿时的事情。初中的时候他比较叛逆，性子也很急，跟父母吵吵嚷嚷是家常便饭。一旦父母的什么行为或者哪句话不小心惹到他，他就会当场哭闹，怎么也哄不好。在家里，他的东西绝不允许任何人乱碰，包括他的父母。

有一次放学回家他进到自己的卧室，发现写字台上一团乱，知道是自己的弟弟又来捣乱了，他气得把写字台上的书全部摔在地上，母亲怎么安慰他也不管用，还把气都撒到她身上。

他的醒悟始于从北方跑到遥远的南方上大学，多年的异地生活让他成长、成熟了许多，让他学会反思——原来自己有很多事情做得很过分。他很想给父母道歉，但碍于自己的面子，一直没有跟他们说过“对不起”。他说是自己懂事太晚，哪怕他再早成熟一点也不会让父母受那么多气。虽然父母从来没有真正责怪过他，但他的心里还是感觉很愧疚。

做过很多的错事，也伤了很多的人，但是后知后觉又有什么用呢?

朋友说，他高中的时候喜欢一个女生。高一时，两个人在一个班级的前后桌，那个时候他还没有发现自己喜欢那个女生，只是把她当作最好的朋友。虽然当时传言说两个人在一起，那也没有影响他们两个的感情。升高二的时候，那个女生选了文科班，朋友选了理科班。

朋友说，后来他才知道这个女生是从高二开始喜欢他的。虽然两个人被分到不同的楼层，但是每天下课，女生都会找他。在外人看来，这好像更加坐实了两个人在一起的消息。实际上那个时候，他还没有喜欢她，而她已经喜欢上他了。

直到高三，我的朋友终于发现他喜欢上那个女生了，他是那种喜欢了就不会藏着掖着，必须立马说出来的那种人。发现自己喜欢上那个女生还没有超过半天的时间，他就把她单独叫出来一起吃饭。饭碗都还没有放好，他就跟那个女生说：“我喜欢你，我们在一起吧。”朋友的语气好像势在必得，觉得只要自己喜欢就一定能得到一样。没想到女生却对他说：“我已经有男朋友了，你没看到我们两个经常在一起吃饭吗？”

正当他摔完碗筷想去找那个男生算账的时候，被那个女生拦住：“你怎么不能成熟一点？只会意气用事。”朋友一听这话，更是火冒三丈：“那你和他在一起吧，以后永远也别理我。”

跟我说完这件事，朋友摇了摇头，叹了一口气。

我问他：“后来呢？”

他说后来联系过一次。那是上大学的时候，有一天，他突然收到那个女生的短信，问觉得她这个人怎么样。当时他并没有回复她，可能觉得回复也没有用，已经错过就不可能再回来。

我问他：“你后悔吗？”

他说：“很后悔，后悔当时对她那么凶，后悔对她说那些话，后悔没早点发现自己喜欢她，后悔对她说了那些话以后再也没有主动联系过她，后悔这么好的一个女生被我伤成这样。”

然而，现在后悔又有什么用呢？就算给他一万次重新回到那个时候的机会，那个时候的他还是不懂事，还是会发脾气，还是会对别人破口大骂。错的不是别人，而是那个年纪的他。不要感到奇怪，无论是谁，都会在经历了一些事情之后产生遗憾和悔恨，因为觉悟和年龄总是有时差的。可能一个月后你才突然想明白一件事，可能半年后你都没有搞清楚当时为什么会发生那样的事，也有可能十年后你才后知后觉，追悔莫及。